北京市科学技术协会
科普创作出版资金资助

U0246130

我从地球来

I come from the earth

闻新　史超　著

北京航空航天大学出版社
BEIHANG UNIVERSITY PRESS

内容简介

亲爱的读者,你想知道太阳系都有哪些天体吗?想知道它们的前世与今生吗?想知道人类在对太阳系的探索中有哪些独特发现吗?想知道人类可能进行太空移民吗?所有的疑惑都能在本书中找到答案!

为了向读者尽可能全面展示我们生活的太阳系,本书将聚焦于太阳及其八大行星、月球、冥王星、小行星,向读者介绍太阳系天体的基本知识以及航天探索成果。相信通过本书精心选配的每一张图片,一定能向读者展示一个更加真实的、从未见过的太阳系。

本书不仅仅是一本天文科普书,更是一本航天爱好者的太阳系"漫游"指南。无论你是天文爱好者,还是航天爱好者,抑或是神话爱好者,都能从本书中找到别样的乐趣。

图书在版编目(CIP)数据

我从地球来 / 闻新, 史超著. —— 北京 : 北京航空
航天大学出版社, 2018.12
ISBN 978-7-5124-2849-2

Ⅰ.①我… Ⅱ.①闻… ②史… Ⅲ.①天文学-青少
年读物 Ⅳ.①P1-49

中国版本图书馆CIP数据核字(2018)第237425号

我从地球来

闻新 史超 著

责任编辑:赵延永

*

北京航空航天大学出版社出版发行

北京市海淀区学院路37号(邮编100191)　　http://www.buaapress.com.cn

发行部电话:(010)82317024　　传真:(010)82328026

读者信箱:goodtextbook@126.com　　邮购电话:(010)82316936

艺堂印刷(天津)有限公司印装　各地书店经销

*

开本:710×1000　 1/16　 印张:11.5　 字数:193千字

2019年1月第1版　2019年1月第1次印刷

ISBN 978-7-5124-2849-2　 定价:46.00元

前言

浪淘沙令·坐地巡天

夜色照辰星，
焰落朱明。
太虚荧惑又长庚。
万里婵娟相与望，
未语卿卿。

独坐揽九天！
太岁经橙，
翻山听蝉露沾襟。
萤尘流莹萦入眼，
谁与同尊！

　　站在广袤的大地上，仰望无垠的苍穹，海水潮起潮落，太阳东升西落，时光在斗转星移中流逝，梦想在生命中孕育，穿梭寰宇、畅意遨游是人类永恒的追求。收回远眺的目光，低头沉思，忽然发现我们对头顶的这片星空竟然如此无知，莫说浩瀚的宇宙，即使我们的家园——地球，我们也知之甚少，对于太阳系就更谈不上多少了解了。然而，人类探寻的脚步从未停歇，我们已向茫茫太空发起了一次次艰难的挑战。几百年前，人们借助简陋的仪器工具和聪慧的大脑，观察记录了无数神奇的天文现象；进入航天时代以来，更是发射了数以百计的探测器，去探索太空的奥秘。

　　太空探测是当下最为吸睛的热点。从盘点探测每个星球的探测器的"身世"入手，无疑可以把人们迅速"拉入"太空探测的前沿。发生在太空探测器上的种种匪夷所思的事情，既有情理之中的必然，也有出乎意料的偶然。而这些偶然和必然，都是茫茫太空"馈赠"给人类的"礼物"。从现象到本质，从偶然到必然，正是人类探索学习的途径。把探测器的精彩与星球的神秘同步介绍，呈现出的一定是不一样的图景。

宇宙如此浩渺，无法全景式展现，故而以太阳及其八大行星、月球、冥王星、小行星为主，分别介绍各个天体的缤纷世界和人类对其探索的最新成果。有人的地方才就有精彩，前人探索宇宙的传奇故事当然是本书必不可少的内容，同时融入的神话传说，又给神秘的天空增加了一抹童话般的光亮。"坐地日行八万里，巡天遥看一千河"，希望通过这本薄薄的书，读者能系统地认识我们生活的太阳系，认识太阳系中众多的宇宙"居民"，并深切感受人类在探索太阳系的历程中取得的辉煌成就和巨大进展。

这不仅仅是一本天文科普书，因为年幼读者可以从中阅读到古希腊神话故事；这不仅仅是一本故事书，因为航天爱好者可以从中探寻到航天探索的过去与未来；这不仅仅是一本航天科普书，因为天文发烧友可以从中查找到太阳系的天文知识。一千个读者，就有一千个哈姆雷特，相信阅读此书的每个人都能从中寻找到独特的乐趣。

我从地球来，带着对浩瀚宇宙的向往，带着对无限未来的憧憬，带着儿时在璀璨星光下的美梦。其实我们每个人都是天文学家。

闻　新

2019 年 1 月

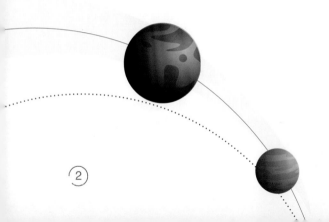

目录

第 1 章　太阳　　1

　　地球使者　飞向太阳 /2
　　特别星球　太阳——名副其实的火球 /7
　　科学视角　万物生长靠太阳 /9
　　传奇故事　太阳给伽利略带来的麻烦 /12

第 2 章　水星　　15

　　地球使者　"水手""信使"不寻常 /16
　　特别星球　想要见你不容易 /18
　　科学视角　一日等于二年？ /21
　　传奇故事　水星上会有生命吗？ /23

第 3 章　金星　　27

　　地球使者　飞到近处"看"金星 /28
　　特别星球　火山遍地的行星 /31
　　科学视角　为啥没有磁场？ /34
　　传奇故事　美丽吉祥的维纳斯 /38

第 4 章　地球　　41

　　特别星球　纵观地球 /42
　　科学视角　转动的地球 /50
　　传奇故事　恐龙是怎么灭绝的？ /53

CONTENTS

第 **5** 章 月球　　57

地球使者　争先恐后探测月球 /58
特别星球　月球形成之谜 /64
科学视角　为何重返月球？ /66

第 **6** 章 火星　　73

地球使者　考察火星 /74
特别星球　与地球最像的行星 /78
科学视角　移民火星不是梦 /83
传奇故事　探测器坟场 /85

第 **7** 章 木星　　89

地球使者　飞向木星的勘探利器 /90
特别星球　木星、大气和光环 /93
科学视角　小太阳系的秘密 /100
传奇故事　从工程师到科学家 /106

第 **8** 章 土星　　109

地球使者　走过路过不错过 /110
特别星球　太阳系中的"宝石" /113
科学视角　比水还"轻"的星球 /118
传奇故事　有趣的土星命名 /120

第 **9** 章 天王星 123

地球使者　飞掠而过匆匆看 /124
特别星球　天王星的真面目 /125
科学视角　中看不中"居"的天王星 /128
传奇故事　发现天王星 /131

第 **10** 章 海王星 133

地球使者　穿越太阳系来看你 /134
特别星球　165 年才能算 1 "年" /135
科学视角　海王星上有生命吗？/139
传奇故事　海王星与波塞冬 /141

第 **11** 章 冥王星 145

地球使者　专程探访冥王星 /146
特别星球　遥远而又特殊的星球 /148
科学视角　行星与矮行星 /151
传奇故事　普鲁托的神话故事 /156

第 **12** 章 空间小天体 159

地球使者　访问小天体 /160
特别星球　守株待兔"捕获"小天体 /163
　　　　　神奇的彗星 /166
　　　　　流星体、流星与陨星 /168
　　　　　太阳系历史信息的"档案室" /169
　　　　　流星雨和流星风暴 /171
　　　　　太阳系尽头的小天体仓库 /172
　　　　　观测哈雷彗星 /172
传奇故事　哈雷传奇 /174

第一章　太阳

太阳是生命的源泉，人类从来就对太阳充满敬畏。夸父逐日大概是人类飞向太阳最早的梦想，然而光芒四射的太阳总是那么遥不可及，即使在航天技术日益发达的今天，炽热的太阳依然让人望而生畏。不屈的人类虽不能靠近太阳，却向太阳发起了一次次挑战。

太阳名片

直　径	1 393 684 千米
质量（地球 =1）	333 000
输出能量	38 500 000 000 000 亿兆瓦
表面温度	5500 摄氏度
核的温度	15 000 000 摄氏度
到地球距离	150 000 000 千米
极轴周期	34 天
年　龄	46 亿年
寿　命	100 亿年

飞向太阳

自进入航天时代以来，科学家们就一直运用太阳探测器来研究太阳。由美国航空航天局（NASA）研制的"先驱者5号"是一颗自旋稳定卫星，质量为43千克，由直径0.66米的球体和四个边长1.4米的太阳帆板组成。它于1960年3月11日发射，主要任务是探索地球与金星之间太阳耀斑对磁场的影响。这是人类第一次行星际飞行，首次验证了行星际磁场的存在。

遗憾的是"先驱者5号"探测器没有携带相机，没能传回图像数据。尽管如此，"先驱者5号"依然是美国航空航天局"先驱者"系列计划中最为成功的探测器。

第一颗太阳探测器"先驱者5号"

太阳的高温高辐射等恶劣空间环境特性，对近距离观测太阳的探测器的要求十分严格乃至苛刻。勇闯这一堪称禁区的"太阳神号"是为数不多的太阳近距离日心轨道探测器，包括"太阳神–A"和"太阳神–B"两颗姊妹探测器。

"太阳神号"是由德国和NASA联合研制的探测器，能够承受很高的太阳辐射热负荷。在天线系统抛物面反射器的温度达到400摄氏度，太阳帆板达到128摄氏度的情况下，"太阳神号"仍然能够正常工作。两颗探测器分别于

1974年12月10日和1976年1月15日发射升空，主要任务是帮助科学家探测太阳风、行星际磁场、宇宙射线等。

　　"太阳神号"至今还保持着相距太阳最近的记录，相比水星还略微靠近太阳。同时，它还曾是历史上飞行速度最快的人造天体，速度为70千米每秒。目前，两颗"太阳神号"探测器已经停止工作，但仍然在绕太阳运行的椭圆轨道中"漂泊"。

　　1990年10月6日，美国"发现号"航天飞机将欧美共同研制的"尤利西斯号"太阳探测器送入太空。探测器重385千克，以钚核反应堆为动力，运行在太阳极地轨道上。

"太阳神号"探测器

　　"尤利西斯号"进入太空后，首先飞往木星，然后通过重力弹弓效应变轨进入过太阳南、北极的绕太阳飞行的椭圆形轨道。轨道离太阳最远时为8亿千米，近太阳点为1.93亿千米，可以对太阳表面全方位地观测。它探测太阳两极，以及太阳周围巨大磁场、宇宙射线、宇宙尘埃、γ射线、X射线、太阳风等。在星际旅途中，它还发现了比人类之前已知的多30余倍的宇宙尘埃进入太阳系。

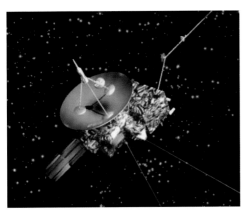

"尤利西斯号"太阳探测器

　　2009年，由于钚燃料能量逐渐减弱，发电机无法提供足够的热量暖化燃料。这颗设计寿命仅为5年的探测器，在轨工作了17年后，"冻死"在遥远的星空。

　　提起SOHO，不少人可能首先会把它和某个地产公司联系起来。但这里谈到的SOHO并非房地产项目，而是1995年发射的"太阳和日球层探测器"的简称。

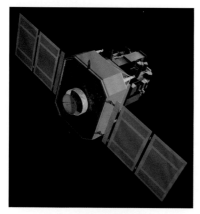

SOHO 探测器

SOHO 是欧美两大航天局联合研制的太阳观测器，用以研究太阳的结构、化学组成、太阳内部的动力学、太阳外部大气的结构及其动力学、太阳风与太阳大气的关系。该探测器重 610 千克，被部署在 L1 拉格朗日点上。在该点，环绕太阳公转所需的向心力是经地球重力抵消后的太阳重力，而公转周期与地球相同，因此可停留在相对位置上。

今天 SOHO 仍然在轨工作，从入轨工作至今它已经传回了大量太阳风暴、色球层和日冕的壮观图像；在观测太阳的同时，它还发现了 2 000 颗掠日彗星。

由美国航空航天局研发的"起源号"探测器于 2001 年 8 月 8 日发射升空，其任务是搜集太阳风粒子，用于研究太阳系的起源和演化等。为了避免地球磁场对太阳风粒子污染，"起源号"大部分时间工作在 L1 拉格朗日点附近。

"起源号"是一颗返回式卫星，也是自 1972 年"阿波罗 17 号"带回月球土壤样本以来第一颗带回空间样本的卫星探测器。探测器返回舱在返回地球时发生意外，导致其高速撞击坠落在犹他州沙漠上，造成采集的样品受到污染。科学家们花费了 4 周时间才恢复了大量样品。

2006 年 10 月发射的日地关系观测台（简称 STEREO），由美国、英国、法国、德国、比利时、荷兰及瑞士等多个国家联合研制。该探测器由两颗相距 180 度的探测器组成，部署于太阳两侧，一颗总在地球前进方向的前方，另一颗总在后方，以此获取太阳的 3D 立体图像。同时该观测台能在三维空间中研究日冕喷发物质，这些喷发物质会影响地球磁场，甚至会产生磁暴，危害在轨卫星和飞船，严重时还会干扰地

"起源号"探测器

面上的电气设备。航天领域的专家希望通过日地关系观测台对太阳进行观测，以期能够更好地预测磁暴。

日地关系观测台

目前对太阳进行探测的卫星，大部分都处在离太阳较远的轨道上。由于地球大气环境并不影响对太阳的观测，有些探测器直接选择绕地球飞行，2006 年 9 月 22 日发射的"日出号"卫星便是其中之一。

"日出号"卫星由日本、美国和英国联合研制，运行在准圆形的太阳同步轨道，近地点为 280 千米，远地点为 686 千米。这颗卫星的主要任务是观测太阳磁场的精细结构，研究太阳耀斑的爆发活动，拍摄高清晰度的太阳图像。

卫星上所装载的科学仪器设备能够有效探测可见光、紫外线以及 X 射线；同时能够观测太阳的磁场活动，为研究太阳黑子和太阳风提供重要数据；除此之外还能研究太阳磁场和日冕之间的相互作用。

"日出号"卫星

路途有多远

　　太阳位于太阳系的中心，到地球的距离大约为1.5亿千米。太阳光从太阳表面发射出来到地球，需要8分钟20秒。

　　2018年8月12日，美国航空航天局的"帕克"太阳探测器从卡纳维拉尔角的空军基地发射升空。"帕克"太阳探测器先进入水星轨道，然后利用重力式制动方式反复飞越金星，逐渐靠近太阳。"帕克"太阳探测器是人类制造的飞行速度最快的探测器。在未来7年的任务里，它将深入高达1 400摄氏度的日冕层，离太阳表面的最近距离只有600万千米，大幅刷新以往所有记录。

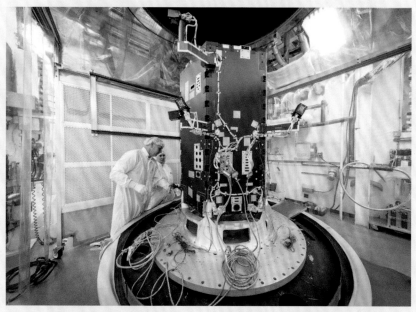

"帕克"太阳探测器

飞向太阳需要的时间

航天探测器	发射时间	到达太阳时间	花费时间	到达位置
尤利西斯号	1990.10.6	1994.6.26	4年	椭圆轨道
起源号	2001.8.8.	2001.11.1	84天	L1点附近
帕克号	2018.6.19	2025.6.14	6年11个月	太阳表面

太阳——名副其实的火球

毫无疑问，太阳是太阳系中对地球影响最大的天体，不仅提供了光和热，也可以说是生命的孕育者。昼夜变化、四季更替都是太阳和地球相对位置的改变所致。人类很早就开始观测太阳，在出土的各种古迹史料中可以发现许多与太阳有关的文物与记载。太阳是许多原始部落所崇拜的神祇，人类现在所用的历法也是根据太阳运行的周期变化制定的。

太阳的结构

天文学家把太阳结构分为内部结构和大气结构两大部分。太阳的内部结构由内到外可分为核心、辐射层、对流层三个部分；太阳的大气结构由内到外可分为光球、色球和日冕三层。

核心区域很小，半径只是太阳半径的 1/4，却是产生核聚变反应之处，是太阳的能源所在地。核心区温度和密度都随着与太阳中心距离的增加而迅速下降。

辐射层位于太阳内部 0.25~0.71 个太阳半径区域，约占太阳体积的一半。太阳核心产生的能量，通过这个区域以辐射的方式向外传输。

对流层处于辐射区的外面，大约在 0.71~1.0 个太阳半径区域。巨大的温度差引起对流，内部的热量以对流的形式由对流区向太阳表面传输。除了通过对流和辐射传输能量外，对流层的太阳大气湍流还会产生低频声波扰动。这种声波将机械能传输到太阳外层大气，具有加热和其他作用。

光球层就是我们平常所看到的太阳圆面，通常所说的太阳半径，也是指光球的半径。光球的表面是气态的，平均密度只有水密度的几亿分之一，但由于其厚度达 500 千米，所以光球是不透明的。光球层的大气中存在着激烈的活动，

用望远镜可以看到光球表面有许多密密麻麻的斑点状结构，就好像一颗颗米粒，称为米粒组织。它们极不稳定，一般持续时间仅为 5 ~ 10 分钟，其温度要比光球的平均温度高出 300 ~ 400 摄氏度。

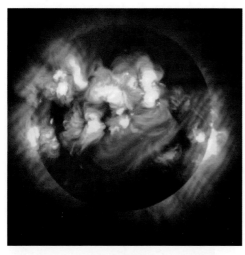

色球爆发

光球表面另一种著名的活动现象便是太阳黑子。黑子是光球层上的巨大气流旋涡，大多呈近椭圆形，在明亮的光球背景反衬下显得比较暗，但实际上它们的温度高达 4 000 摄氏度。倘若能把黑子单独取出，一个大黑子便可以发出相当于满月的光芒。日面上黑子出现的情况不断变化，这种变化反映了太阳辐射能量的变化。太阳黑子的变化存在复杂的周期现象，平均活动周期为 11.2 年。

色球层的某些区域有时会突然出现大而亮的斑块，称为耀斑，又叫色球爆发。一个大耀斑可以在几分钟内发出相当于 10 亿颗氢弹的能量。

日冕是太阳较外层的大气体，日珥是从色球喷发的巨大气体云。日冕可以延伸到太空中很远的地方，带出一些粒子离开太阳。以前，日冕只有在日全食时才看得见，现在使用日冕仪器可以天天观察日冕的变化了。

日冕厚度可达几百万千米以上，温度有 100 万摄氏度。在高温下，氢、氦等原子已经被电离成带正电的质子、氦原子核和带负电的自由电子。这些带电粒子运动速度极快，以致不断有带电的粒子挣脱太阳引力的束缚，射向太阳的外围，形成太阳风。

太阳的能量通过两种途径释放：第一种途径是以可见光（所谓的太阳光）的形式向外释放，第二种途径是以带电粒子的形式向外释放。

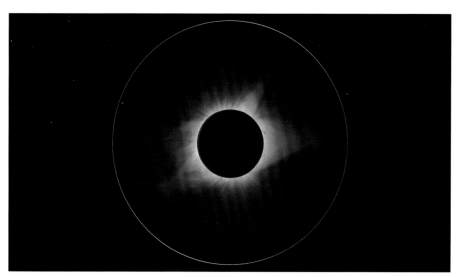

太阳的辐射（也称为日冕现象）

万物生长靠太阳

在太阳系中，太阳是最大的天体，占整个太阳系总质量的 99% 以上。几乎所有行星的能量都来自太阳，太阳就好像一个自然的发电厂，给万物提供能量。

太阳能量来自它的核心，那里的温度为 15 000 000 摄氏度，压力为 2 500 亿标准大气压，所以太阳核心处的氢元素会发生核融合反应。这个反应会导致四个氢核融合成一个氦核，一个氦核的质量比四个氢核的质量少 0.7%，这些质量会转化成能量释放，即每秒有 7 亿吨的氢转换为 695 000 000 万吨的氦，所以太阳的质量就愈来愈轻。还好太阳的"发电能力"还算稳定，地球诞生以来它的温度变化不大。不过，也有人认为以往数次的冰河时期中，有些是因为太阳活动趋缓所致。

让我们想想看，如果太阳能量变大或变小，地球上会发生什么事呢？

太阳活动会产生色球爆发和日冕等现象，任何太阳活动都是非常壮观的，而且大多会在很短的时间内直接或间接影响地球的大气、气象、地磁等，进而也会影响人类的生活，甚至影响社会文明的兴衰。所以太阳虽然距地球 150 000 000 千米，但在太阳上发生的任何现象都会对地球产生非常大的影响。

20 世纪 40 年代，美国空军曾将动物送入太空。考虑动物的质量会增加火箭的负担，所以昆虫成为第一批动物航天员进入太空的前沿。

1951 年 9 月 20 日，美国空军发射的一枚火箭携带了一只猴子和 11 只老鼠。这些动物被升至 72 千米的高度后安全返回地面。这也是人类首次将动物送到大气层的边缘。

1957 年苏联安排一只称为莱卡的小狗，搭乘苏联的"Sputnik-2 号"卫星，

比比个

太阳似乎是巨大的，然而就恒星而言，它的大小仅处于平均量级。太阳半径大约是地球半径的 109 倍，其质量大约是地球质量的 333 000 倍。

如果地球的半径是一个人的高度，那么太阳的半径大约相当于一栋 60 层的摩天大楼的高度。太阳如此巨大，以至于我们在同一比例尺下绘制地球和太阳时，只能画出太阳的一小部分，否则地球会因为在图上太小而不被注意到。

太阳和地球的比较

进入太空轨道。但由于当时卫星的防护技术不好，小狗被高温闷死在卫星里。

1992年美国航空航天局的航天飞机把青蛙送入太空，观察太空环境对两栖动物的卵受精和孵化产生的影响。

苏联把一只被称为莱卡的小狗送入太空

"奋进号"航天飞机的一名航天员手里拿着一只青蛙进行试验

在近地空间的低轨道上，因为地球空间存在一个磁场，能够俘获大部分太阳射线，所以飞船采取一定的防护措施后，太阳辐射对航天员的身体影响不大。苏联女航天员萨维茨卡娅在谈到我国女航天员刘洋时说："她还年轻，至少太空飞行不会影响到她的生育。如果她喜欢这个工作，也许她会再飞一次。"

不过，在太阳活动高峰时期，太阳辐射会对航天员造成极大的危害。如果航天员飞往火星或木星，远离地球磁场的保护，太阳辐射也会给航天员的身体带来巨大威胁。目前，科学家还在不断地探索太阳长期辐射对人体的影响，并研究相应的保护措施。

世界上第一位出舱行走的女航天员萨维茨卡娅

当太阳风到达地球附近时，与地球附近的磁场发生作用，把地球磁场的磁力线吹得向后弯曲。但是地球磁场的磁压阻滞了等离子体流的运动，使得太阳风不能侵入地球大气层而绕过地球的磁场继续向前运动，并将地球磁场吹成泪滴状，于是地球磁场就被包含在这个泪滴里。类似地，这种"风"也会将彗星的尾巴吹成"长羽毛"状。

但是，当太阳出现突发性的剧烈活动时，情况会有所不同。此时太阳风中的高能离子会增多，这些高能离子能够沿着地球附近的磁力线侵入地球的极区，并在地球两极的上层大气中放电，产生绚丽壮观的极光。北极和南极上方美丽的极光，就是由太阳风导致的。对于人类航天活动来说，太阳是一个非常重要的主题。

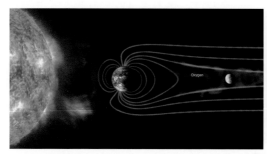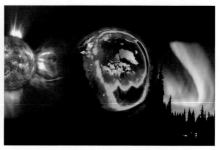

太阳风使得地磁磁场像彗星的尾巴（左）和地球北极和南极上方闪烁的极光（右）

传奇故事

太阳给伽利略带来的麻烦

伽利略在天文学方面的研究彻底改变了人们对太空的认识，开启了人们探索宇宙的新篇章。然而预想不到的是，太阳却给伽利略一生带来不少麻烦。

中年时期的伽利略通过多年对天体运动的观察和思考，发现地球并不是宇宙中心，所有行星都围绕太阳旋转。于是他公开反对托勒密的"地心说"理论，

而支持哥白尼的"日心说"理论。但由于教会反对他支持"日心说"，所以伽利略不得不采用一个"双重真理"的原则，他公开反对"太阳中心论"，却偷偷地与坚持"日心说"理论的学者一道寻求宇宙真理。

　　由于长期偷偷支持"日心说"理论，难免不被教廷察觉，导致伽利略晚年被教廷软禁了八年。

伽利略在教廷上受审

　　在软禁期间他总结了自己一生的工作，并写了一本书。他把这本书命名为"两门新科学"。书中论述了两个主题，分别为"运动科学"和"材料强度"。因为教廷禁止他出版自己的研究成果，所以他只好偷偷地整理，然后寄到荷兰的一家出版商那里，并于 1638 年在荷兰出版。

　　此外，伽利略年轻时期用改进的望远镜观察太阳黑子，因为观察时间过长，因此视力下降，以至于他晚年时双目失明，生活非常困苦。

　　1989 年，为了纪念这位 17 世纪伟大的天文学家，美国发射了一艘名为"伽利略"的探测器，其主要任务就是研究木星和伽利略卫星。1999 年，欧洲实施的"全球民用卫星导航系统"项目，也用伽利略的名字命名，称为"伽利略导航系统"。

美国的伽利略探测器

第二章　水星

水星是离太阳最近的行星，离地球也不远。但是，水星却是最难被人看见的行星。哥白尼是第一个解释了水星没有穿越整个星空而仅在太阳附近摆动的人，但据说天文学家哥白尼一生中最遗憾的事情就是从来没有看见过水星。

水星名片

赤道直径	4 879 千米
质量（地球 =1）	0.055
赤道重力（地球 =1）	0.38
到太阳的距离（地球 =1）	0.38
自转轴的倾斜角度	0.01 度
自转周期	58.6 天
轨道周期	87.97 天
最低温度	−180 摄氏度
最高温度	450 摄氏度
自然卫星	0

地球使者

"水手" "信使" 不寻常

　　水星是太阳系中距太阳最近的行星，也是太阳系中四大类地行星之一，离地球并不远。然而，人们对水星的探测却远远不够，迄今能够称得上水星探测器的主要有美国发射的"水手10号"和"信使号"。严格来说，"水手10号"并不是水星探测器，而是同时探测水星和金星的探测器。

　　"水手10号"是人类第一个装有图像系统的探测器，也是第一个探测水星的探测器。"水手10号"于1973年11月3日由美国发射升空。1974年2月5日，它从距金星5 760千米的地方飞过。1974年3月29日，"水手10号"从离水星表面700千米的地方飞过，开启了其颇为"奇特"的水星探测。因为"水手10号"从这时进入了周期为176天的公转轨道，这正好是水星公转周期的二倍，因此它每次飞掠水星时都在水星的同一地点。1974年9月21日，"水手10号"第二次经过水星；1975年3月6日，它第三次从水星上空330千米处经过。三次近距离飞掠，"水手10号"拍摄了大量照片，这些照片涵盖了水星表面积的57%。

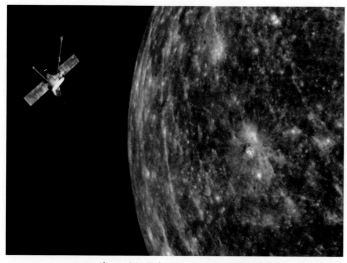

1974年3月"水手10号"飞越水星

美国"信使号"探测器却是实实在在的水星探测器。"信使号"水星探测器于 2004 年发射，经过 6 年半时间，飞过长达 79 亿千米的遥远旅程，三次飞掠水星后，至 2011 年进入水星的轨道，成为人类第一颗围绕水星运行的探测器。"信使号"距离水星表面最近点为 200 千米，最远点为 15 193 千米。

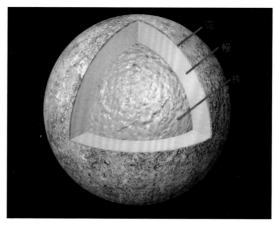

水星是一个大铁球，表面有一层很薄的矿物质，是一层壳。在这层壳的下面是一层不太厚的岩石层，称作幔。也许是水星的幔温度非常高，以至于融化了部分岩石。在幔下面是一个巨大的铁核，也即水星的中心

"信使号"从地球飞向水星的道路颇为"曲折"。地球距离水星只有区区 7 730 万千米（最近距离），但是"信使号"却飞行了 79 亿千米才到达水星，足有最近距离的 100 多倍，主要原因是"信使号"进行了 5 次轨道修正，并 6 次飞掠内太阳系行星，希望借助引力弹弓来减速，以此减少燃料消耗。即使这样，"信使号"的大半质量都是燃料，总质量 1 092 千克，其中燃料 607 千克，燃料占比高达 55.6%，可以说"信使号"简直就是一只"油老虎"。

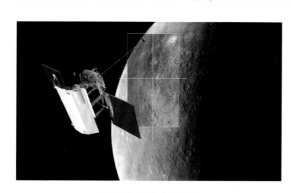

"信使号"探测器

"信使号"不辱使命，取得了不菲的探测成果。其携带的各种科学仪器可以检测水星表面的元素组成，可以用于验证有关水星密度的各种理论，确定水星的地质年代等，而且发现水星或许存在水冰。

"信使号"在完成水星探测使命后，无法返回地球，因而于 2015 年 4 月 30 日 3 时 30 分，通过硬着陆的方式以 3.9 千米 / 秒的速度撞击到水星表面，壮烈"牺牲"在水星上，并在水星表面形成一个直径约为 16 米的大坑。

特别星球

想要见你不容易

虽然水星离地球很近，但是人们发现水星却相当不易。水星通常都在太阳附近，往往把自己裹在夕阳的余晖里，或者藏在日出的光芒中，让人们用肉眼无法观测到颇为神秘的光亮。更有迷惑性的是，在天空晴朗时，人们会在日落的西

路途有多远

水星和地球一样，都围绕太阳旋转。水星和地球之间的距离呈周期性变换，在最接近的地方，距离只有7 730万千米，这点距离光线只需要4.3分钟即可到达。如果飞行器能够以光速飞行，从地球到水星花费的时间与到邻居家的时间差不多。

但是，美国航空航天局发射的"新视野号"探测器以约8万千米/时的速度飞行，按照地球和水星最接近的距离飞行也需要40天左右。而且，航天器在行星之间一般不按直线飞行，而是要遵循使用最少能量的原则，所以需要飞行更远的路程，花费更长的时间。真正飞越水星的第一艘航天器是美国航空航天局的"水手10号"，飞了147天才到达。

为什么"信使号"探测器需要这么长时间？科学家希望"信使号"进入水星轨道，而不是穿越水星轨道，因而需要以比较慢的速度飞行，这样才能进入轨道。"信使号"经过漫长的飞行，最终于2011年3月被水星捕获，成为绕水星飞行的人造"卫星"。

飞向水星需要的时间

航天探测器	发射时间	到达水星时间	花费时间	到达方式
水手10号	1973.11.3	1974.3.29	147 天	飞越
新视野号	2006.1.19	2006.2.27	40 天	
信使号	2004.8.3	2008.1.14	1260 天	入轨

方的低空或日出的东方的低空看见一颗星星，这颗星星可能是水星，也可能是金星。区别仅仅是：水星一般为中等亮度，金星则更亮一些。问题是，人们凭肉眼很难确定这颗美丽的星星到底有多亮。

　　肉眼难以分辨，就用望远镜来观测，这总可以了吧！其实，用望远镜观察水星也颇为不易。水星靠近地球时位于西方，远离地球时位于东方。当水星与地球位于太阳相反的两侧时，便无法看到。在一年期间，观测水星的最佳月份是3~4月和9~10月，即春分和秋分前后。如果在连续的一段时间内观察，你可以看到水星经历不同方位时，日复一日地改变着自己的形状。这又增加了观测水星的难度。

1月9日日落45分钟后，同时看到水星（天空下面）和金星（天空上面）

　　那么，水星为什么如此难以观察呢？主要有两个原因。第一个原因是北半球不适合观测水星，因为每当水星处于其远日点时，水星的赤纬总是低于太阳赤纬。对北半球的观测者而言，水星几乎与太阳同升同落。反之水星到了近日点时，北半球的观测者看到的水星虽然比太阳赤纬高，但近日点毕竟才18度的距角，所以水星还是难以观测。这种情况需要再过几千年水星近日点进动90度后才能得到改观。几千年对于茫茫宇宙来说，不过是弹指一瞬间；而对于生命只有短短几十年的人来说，就是一段漫长得无法等待的岁月。

　　第二个原因是地理纬度越高，内行星越难观察。纬度高的地区，太阳的晨

昏朦影时间很长，即日出前或者日落后很久，天空依然明亮，不利于观测水星。

哥白尼与神对话

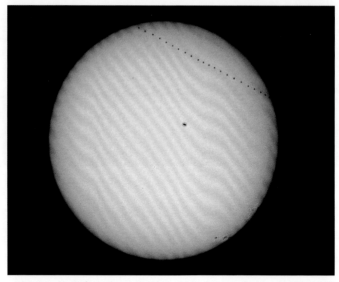

　　2003 年 5 月 7 日水星凌日期间拍摄的照片（太阳上的一系列小圆黑点是水星在不同时刻遮挡所致，太阳黑子位于太阳中央）。地球和水星各自在自己的轨道上绕太阳公转，只有水星运行到太阳与地球之间，并且三者基本上位于一条直线时，才会出现水星凌日现象。发生水星凌日时，在太阳的圆面上会看到一个小黑点穿过。其道理与日食类似，不同的是水星比月亮离地球远，水星挡住太阳的面积也特别小，不足以使太阳光线强度减弱，用肉眼很难观察到。事实上水星凌日，好比一只小小鸟恰巧从日轮前飞过。每 100 年时间里，水星凌日现象会发生 13 或 14 次

一日等于二年？

人们的常识是一日等于 24 小时，一年等于 365 日，所谓度日如年都是夸张和比喻的说法。然而，天下之大，无奇不有，何况宇宙！

在地球上，地球自转一圈的时间定义为一日，地球绕太阳公转一圈的时间定义为一年。从直观上说，一日就是一个白天加一个黑夜。对于地球上的某个地点来说，由于地球在自转，当其朝向太阳时，就是白天，背向太阳时就是黑夜。地球自转是产生白天黑夜交替的根本原因。同样，从直观上说，一年就是一个春夏秋冬。地球绕太阳公转时，由于太阳光入射的角度不同，就会产生不同的温度，从而形成四季的变化。我国位于北半球，当太阳光直射北回归线时，北半球接受的阳光最为充足，气温较高，便是夏季；太阳光直射赤道时，便是秋季或者春季；太阳光直射南回归线时，北半球接受的阳光最弱，气温较低，便是冬季。因此，太阳公转是产生四季变化的根本原因。

我们把对日和年的定义用到水星上，这时就会产生与地球上完全不同的结果。经过多年的观测，人们发现水星绕自转轴旋转得非常慢，但是它环绕太阳旋转的速度却非常快。这导致的直接结果就是天比年长，水星的一日是便是两年！如果我们生活在水星上，"度日如年"便得改为"度年如日"了。

"信使号"拍摄的五彩缤纷的水星（不同颜色表示不同区域的化学、矿物和物理性质）

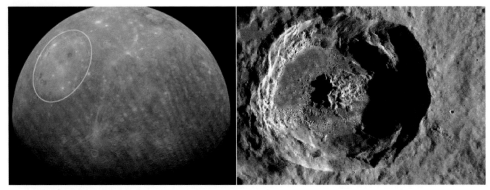

水星表面最大的陨石坑叫作盆地，其覆盖区域超过水星直径的四分之一。卡洛里斯盆地大约有1 300千米宽，比地球上最大的坑还要宽。这是"信使号"于2008年1月14日飞越卡洛里斯盆地上空拍照的照片

比比个

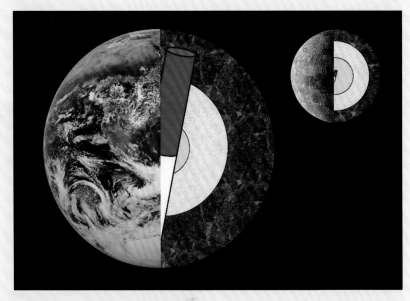

地球和水星的比较。图中棕色的是岩石幔，淡蓝色的是液体金属核，深蓝色的是固体金属核，中间棒代表磁场的强度。显然，地球的固体核心没有水星大。水星的质量远小于地球，但水星的密度只略低于地球。水星没有地球重，所以水星的引力大约只有地球的三分之一。假如你在地球上称体重是100千克，那么在水星上的体重就可能只有38千克左右

为什么水星的公转那么快呢？因为水星离太阳最近，受到的太阳引力很大，太阳的引力使得水星成为绕太阳旋转最快的行星。水星绕太阳旋转的速度是 48 千米 / 秒，而地球绕太阳的转速只有 30 千米 / 秒。水星公转一周是 88 个地球日，而水星自转一周是 59 地球日。

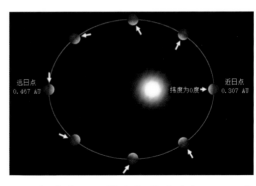

水星的一天等于水星的两年。从日出再到日出，水星要围绕太阳转两圈

如此说来，虽然水星自转比较慢，但是自转一周还是比公转一周的时间短啊，怎么会是一日等于两年呢？且慢。我们刚才说了，一日是一个白天加一个黑夜，那么在水星上的某个点上，从一个日出到另一个日出才能算作一日。水星虽然每 59 个地球日自转一周，然而自转一周时它只走过绕太阳的轨道的三分之二。因此，如果你在水星上的某一点，从日出到另一个日出需要水星自转三圈，大约是 176 个地球日，恰好等于水星公转周期的 2 倍。也就是说，一日等于两年喽！

传奇故事

水星上会有生命吗？

自古以来，人类就在思考地球之外是否有生命。离地球最近的行星就成了当然的"科幻"对象。面对水星，人们当然会想水星上是否存在生命。

在太阳系的八大行星中，水星拥有很多的"之最"记录。水星由石质和铁质构成，没有卫星围绕着它运行；水星是距离太阳最近的一颗类地行星，因此它不仅是温度最高的行星，而且经常会被强烈的太阳光淹没，所以是太阳系中最难观察到的行星。水星还是太阳系中运动最快的行星。水星是太阳系中密度非常大

的行星。自从冥王星被"降级"之后，水星便成为太阳系中体积最小的行星。但是，这一切都不是生命存在的条件。那么，水星有大气吗？"水手10号"探测器发现水星像月球一样，仅仅有一层非常稀薄的大气层。该大气层是由氧气(42%)、钠气（29%）、氦气（6%）、氢气(22%)和钾蒸气（0.5%）组成的。该大气层中虽然有氧气，但不足以让动物呼吸。在水星上空，时不时会形成较厚的空气团，但很快就消失了。

一些科学家认为在几十亿年前，水星曾有过一个较浓密的大气层。水星大气层变稀薄的一个原因可能是水星太小。因为太小，水星的引力很弱，所以无法维持它早期的大气层，使得大气层中的化学物质分散到太空中去。水星大气层变稀薄的另一个原因可能是由于水星表面温度太高，不可能像它的两个近邻金星和地球那样保留一层浓密大气。

水星上有水吗？1991年8月，水星运转至离太阳最近点，美国天文学家用巨型天文望远镜对水星做观测，得出了破天荒的结论——水星表面的阴影处存在着以冰山形式出现的水。2011年，美国"信使号"探测器意外发现水星存在巨大悬崖。"信使号"发回的图像标明了水星背阴处的火山坑里"明亮沉积物"的具体位置，证实了水星存在冰的猜测。

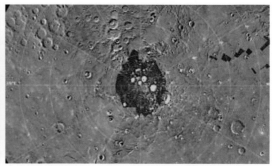

水星的北极（照片中的细微颜色差异是揭示水星存在水的重要信息）　　"信使号"飞越水星证明水星表面存在水

但是，有些科学家认为，在水星南北极的环形山附近，很可能是适合人类移民的地方，因为那里的温度常年恒定（大约 −200℃）。这是因为水星微弱的轴倾斜以及基本没有大气，所以有日光照射的部分的热量很难被传播至此，甚至水星两极较为浅的环形山底部也总是黑暗的。如果在水星南北极的环形山附近建筑人类移民基地，人类的建设活动将能加热那里，并达到一个舒适的温度。当然，这只是猜想。

但是，水星上的气候却因它极端的温度而知名。水星既非常炎热又非常寒冷，因为水星距离太阳太近，到达水星的太阳光线的强度是到达地球光线强度的七倍。这使得白天（水星一部分面向太阳的时间）非常热，水星面向太阳的那部分的温度能够达到 450 摄氏度。然而，水星的晚上却非常冷，温度能够降到 −170 摄氏度。晚上水星变得如此冷的原因是大气层太稀薄，无法留住白天吸收的热量，当太阳落山后热量就发散到太空中去了。

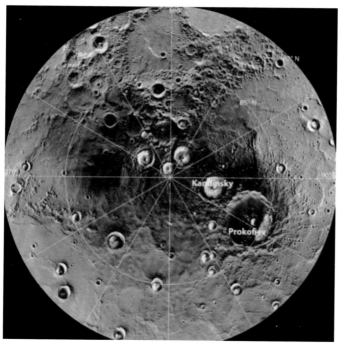

黄色部分为"信使号"探测器发现水星存在有机物的地点

水星也是极其干燥的，没有雨或雪。水星的天空中从来没有过云，白天通常很晴朗，并像地球的夜晚一样漆黑。水星表面的岩石吸收了大量的阳光，反射率只有 8%，所以水星是太阳系中最暗的行星之一。因此无论是白天还是夜晚，水星的天空都是漆黑的，在水星漆黑的天空中可以看到明亮的金星和地球。

这么严酷的环境下，水星大概是不可能有生命的。

第三章　金星

在晴朗夜晚抬头仰望，你会发现金星是天空中最亮的星，而且它是一颗淡黄色的天体，是名副其实的"金"星。如此迷人的金星激起了人类无限的遐想，并"派"去了数量可观的航天探测器。

金星名片

赤道直径	12 104 千米
质量（地球 =1）	0.82
赤道重力（地球 =1）	0.9
到太阳的距离（地球 =1）	0.72
自转轴的倾斜角度	2.6 度
自转周期	243 天
轨道周期	224.7 天
平均表面温度	470 摄氏度
自然卫星	0

地球使者

飞到近处 "看" 金星

人类关于金星的认识主要来自于美国和苏联向金星发射的空间探测器。迄今为止，发往金星或路过金星的各种探测器已经超过 40 颗。通过这些探测器，科学家们获得了大量有关金星的科学资料。

美国 "麦哲伦号" 探测器

1978 年美国 "金星先驱者 1 号" 和 "金星先驱者 2 号" 探测器到达了金星。"金星先驱者 1 号" 探测器围绕金星飞行了 14 年，绘制了金星地表图，研究了金星大气层。"金星先驱者 2 号" 向大气层中投放了测量温度和风速的仪器。1990 年美国 "麦哲伦号" 探测器拍摄了大量关于金星表面的详细照片。

从 1961 年到 1983 年，苏联一共发射了 16 颗金星探测器。但 "金星 1 号" "金星 2 号" "金星 3 号" 都没有成功发回信号。第一颗探测到金星奥秘的是 1967 年发射的 "金星 4 号" 探测器。它是第一颗直接 "命中" 金星的探测器，并且是首次向地面发回数据的金星探测器。

"金星 4 号" 飞达金星轨道，向金星释放了一个登陆舱。登陆舱在穿过金星大气层的 94 分钟内，发回了金星大气温度、压力和组成成分的测量数据。

2005 年欧空局发射了 "金星快车"。

苏联的 "金星 4 号" 探测器

2006年"金星快车"完成减速过程,顺利进入环绕金星的椭圆轨道。"金星快车"传回了金星南极地区的图片,并在距离金星20万千米的椭圆轨道上用紫外线、可见光和近红外线成像分光计对金星拍照。科学家对"金星快车"发回的数据进行分析后,确认金星南极上空大气中存在着奇怪的双漩涡。

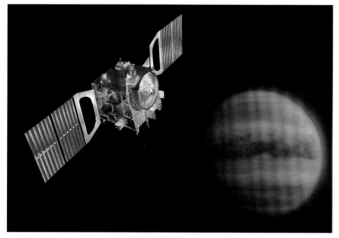

欧空局的"金星快车"

2010年日本发射了"晓号"金星探测器。"晓号"飞行约5.2亿千米后,到达了环绕金星的大椭圆轨道。它携带多种波长观测仪器,计划在金星轨道上对金星进行为期两年的观测,探测金星大气的谜团,同时还将探索金星是如何成为一颗灼热星球的。这也是未来人类探索金星的目的之一,可惜"晓号"因故障而终止任务。

日本的"晓号"金星探测器

路途有多远

人类第一颗金星探测器是苏联于 1961 年 2 月 12 日发射的 "金星 1 号"，不幸的是，2 月 17 日地面人员与探测器失去了联系。这颗探测器于 5 月 19 日经过金星时，距金星的最近距离为 10 万千米。"金星 1 号"探测器从地球到金星总共用时 97 天，即 3 个多月。

第一次成功飞越金星的探测器是美国航空航天局的"水手 2 号"。"水手 2 号"探测器于 1962 年 8 月 8 日发射，并且于 12 月 14 日成功飞越金星。"水手 2 号"探测器从发射到飞越金星所用的时间是 110 天。

"金星 1 号"探测器（左图）和"水手 2 号"金星探测器（右图）

21 世纪初飞往金星的探测器是欧空局的"金星快车"，其于 2005 年 11 月 9 日发射，共花了 153 天到达金星。因为金星距离地球比较近，一般只需要几个月就可以到达，所以目前航天工程师开始关注金星旅游的项目。

金星快车

飞向金星需要的时间

航天探测器	发射时间	到达金星时间	花费时间	到达方式
水手 1 号	1961.2.12	1961.5.19	97 天	失联
水手 2 号	1962.8.8	1962.12.14	110 天	飞越
水手 5 号	1967.6.14	1967.10.19	127 天	入轨
水手 10 号	1973.11.3	1974.3.29	147 天	入轨
先锋号	1978.5.20	1978.12.4	198 天	子飞行器软着陆
麦哲伦号	1989.5.4	1990.8.10	463 天	入轨
金星快车	2005.11.9	2006.6.11	153 天	入轨

为什么到金星花费的时间差别这么大？这主要取决于发射速度和运行轨道。地球和金星都绕着太阳公转。你不能仅让探测器直接指向金星就给火箭点火，而是必须使探测器经过一个绕地球轨道和绕金星轨道之间的转移轨道去追赶金星。这才是比较理想的飞往金星的路线。

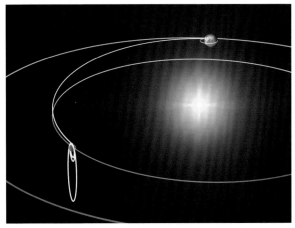

从地球轨道到金星轨道的转移

为了节约发射成本，一般利用小型的、不昂贵的火箭实现飞往金星的梦想，这也需要以牺牲旅途时间为代价，且须折中设计一条飞行轨道。

特别星球

火山遍地的行星

金星是人类发现的第一颗行星，原因是它最明亮。在刚刚日落之后的西方的低空中或在黎明之前的东方的低空中可以看到这颗非常明亮的星星。当金星接近地球时，它位于太空的西方；当其远离地球时，它位于太空的东方。当太阳位于金星和地球之间时，人们则无法看到它。

金星就像地球的卫星，也经历一天天的相位变化。由于金星表面覆盖着厚厚的淡黄色的旋转云，人们在地球上看不到金星表面，即使利用望远镜也看不到金

星表面。直到美国和苏联的金星探测器着陆到金星表面，拍摄到金星表面的照片，人们才了解金星表面的面貌。但是，如果用一台望远镜观察金星，则能够看到金星形状就像月球那样一天一天地改变。

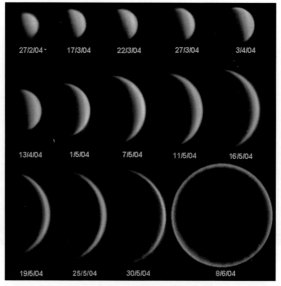

2004 年金星凌日期间的相变

金星是太阳系的第二颗行星。金星的轨道位于地球轨道与水星轨道之间。与火星轨道比较，金星轨道更靠近地球轨道。

金星是环绕太阳运转的内行星，大约每19个月金星会接近地球一次。最近时，距离地球大约 3 800 万千米。最远时，距离地球大约 26 000 万千米。

平均而言，金星轨道距离太阳大约 10 800 万千米。比地球距离太阳近了 4 200 万千米，比水星距离太阳远了 5 000 万千米。

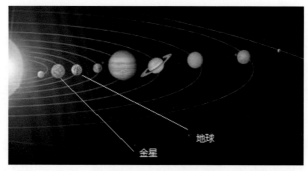

金星在太阳系中的位置

金星是一颗多岩石的行星，人可以在金星表面站立。科学家认为金星内部很可能与地球内部相似。在金星多岩石的固体壳下可能是一些多岩石的熔融（融化）地幔。在地幔之下，很有可能是由铁组成的核心。铁核心可能部分熔融，或完全是固体。一些科学家认为，金星有熔融铁的外核和固态铁的内核。

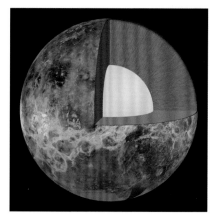

金星的组成

金星上也有高山和深坑，而且还有地球上无法见到的一些不寻常的特征。在这些奇怪的特征中有的像日冕或王冠，其中比较大的环状结构，直径约为 580 千米。在金星上，镶嵌物是指被提高的地区，并且沿不同方向形成了许多山脊和山谷。金星地表的日冕和镶嵌物也是金星历史的见证。

金星是太阳系中拥有火山数量最多的行星。目前人类已探测到的大型火山有 1 600 多处。此外，还有无数小火山，估计总数超过 100 万，至少 85% 的金星表面被火山岩覆盖。这些岩浆主要来自于 50 多亿年前喷发的火山，掩盖了很多原来的陨石坑。这就是金星表面的陨石坑比水星或地球的卫星月球表面的陨石坑要少的一个原因。

一些科学家认为金星上有的火山偶尔会变得活跃。美国航空航天局空间探测器已经在金星地表发现疑似活火山口的"热点"，还在大气层中发现了由火山喷出的某种气体。金星表面没有水，但是 1989 年 "麦哲伦号"航天器却发现了一条漫长而曲折的硬化了的熔岩"河"。

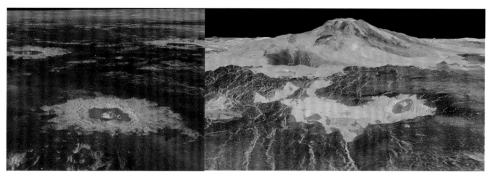

金星表面的火山和熔岩"河"

金星上非常炎热，甚至比水星还要热。这是由于金星厚厚的大气层圈住了它表面的热量，不让其散发出去。在金星上通常一天的平均温度能够达到465℃。

金星云端的风速通常高于320千米/时，相当于地球上强台风的速度。但金星表面的风却相当于一个人慢慢行走的速度。

金星的气候云图

"金星号"探测器用紫外波段相机拍摄的金星云层

金星的大气层主要由二氧化碳气体构成，还包含着少量的氮气、氩气和其他物质。金星的大气层与地球的大气层不同，金星的大气层很厚并且浓云密布，其表面的大气压力等于地球表面900米深水处的压力。

在金星大气层中至少包含三层厚厚的云层在流动，这些云层是由含硫酸的小滴组成的，其酸性很强，可以用于汽车电池，也可以用来溶解金属。一些科学家认为金星云层的硫酸来源于金星火山喷发出来的化学物质。

科学视角

为啥没有磁场？

金星有时被称为"地球的孪生兄弟"。像地球一样，它是由硅酸盐矿物和金属组成的。但当涉及它们各自的大气层和磁场时，两颗行星却截然不同。

分层显示地球的地核、地幔和地壳

比比看

金星有时被称为"地球的双胞胎",因为两者的大小差不多。金星赤道的直径是 12 104 千米,比地球赤道直径小 652 千米。

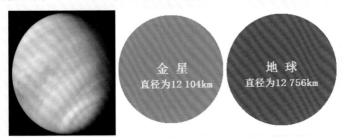

金星("水手 10 号"拍摄的照片)与地球的比较

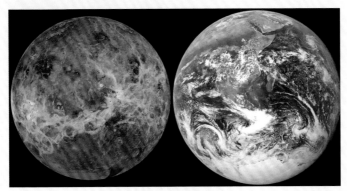

金星与地球的比较

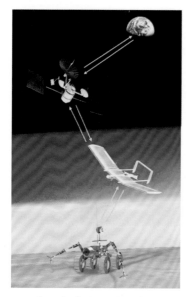

美国航空航天局设想的金星
探测系统（包括轨道器、太阳能
无人机和着陆探测器）

天文学家一直在努力回答为什么地球有磁场，而金星却没有。地球外核液态金属的流动导致地球被磁场包围，在太空中磁场就像一个巨大的条形磁铁。金星也有一个流动的金属外核，似乎也应该有一个磁场。但是，金星探测器没有在金星周围发现磁场。所以很多科学家认为，金星核心一定存在一些不同于地球核心的物质。

天文学家认为，金星是地球的过去，火星是地球的未来。所以，探测金星与探测火星具有同样重要的意义。另外，不少科学家认为，金星的云层里可能存在着生命。目前，世界各个航天大国正在制定新的金星探测计划。在一些科学家看来，探索金星的梦幻任务应该采用天地一体化系统，这个系统应该包括地面机器人、行星飞机和轨道载人飞船。

大量研究表明，金星大气层适合飞机飞行，所以可以用飞机直接探测金星。不过，由于金星云顶的风速达到 95 米 / 秒，所以金星探测飞机必须克服金星上剧烈的风和腐蚀性大气层的影响，飞机的速度必须维持在风速或超过风速。

为了准确了解金星地表情况，仍需要着陆器。着陆器能够分析大气、岩石和表面物质的化学成分并通过地震仪的数据来帮助判定金星内部结构。美国和欧洲，甚至俄罗斯都正在规划预计于

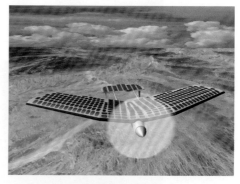

金星探测飞机

2020 年执行的新的金星探测计划。俄罗斯计划的"金星 –D"探测器将于 2025年发射。

俄罗斯"金星-D"探测器示意图

金星比火星更接近地球，所以金星更适合载人航天探索。美国航空航天局计划在金星上建立永久太空城。金星具有空间环境辐射小、太阳光照条件好等特点，是外层空间中与地球环境最接近的星球，而且这些条件很适合建立一座由充满氦气的，以太阳能为动力的飞艇组成的城市，并飘浮在金星灼热表面以上48千米处，可成为航天员的家园，像神仙一样漂浮在其厚厚的金星云层上，就像古典文学作品《西游记》中的孙悟空和猪八戒。

一个漂浮在金星云层上的城市

美丽吉祥的维纳斯

几千年前，人们认为日出时东方天空中明亮的星体和日落时西方天空中明亮的星体是两颗不同的行星，后来人们发现是同一颗行星，既金星。

金星耀眼的光芒使得古代中国人称其为"太白"，在《西游记》中其为一位白须飘逸的老人家。但古希腊人和古罗马人则将金星与神话中的女神联系起来，称其为维纳斯。至今，维纳斯依然是美丽与爱情的象征。

金星是唯一一颗被罗马人用女性雕塑的名字来命名的行星，而且几乎所有的陨石坑、山脉和金星上的其他特征都是用真实女性、神话中的女性或者女神的名字来命名的，金星的天文符号直接就是"女人"的象征。

不过，金星的麦克斯韦山脉却是唯一用男人名字来命名，用于纪念大名鼎鼎的苏格兰科学家詹姆斯·克拉克·麦克斯韦（1831—1879）。

罗马女神维纳斯塑像（左）和科学家麦克斯韦（右）

1875年，英国天文学家理查德·普罗克托认为宇宙中极可能处处都有生命。他称金星和地球尺寸极为相似，在金星厚厚的云层下极有可能隐藏着先进的文明。那时，人们认为金星是一个温暖湿润的天堂之地，像地球上一些热带地区一样。

人们想象着有奇怪的生物在丛林中奔跑、在海洋中游动，甚至认为金星是繁衍"小绿人"的地方。

　　但金星其实是一个干旱高温的世界，上空有几十千米厚的浓硫酸雾，无法支持任何生命。可以想象，金星表面温度高达 470 摄氏度，足以把生物烤焦；金星表面大气压是地球上标准大气压的 100 倍，足以把生物压扁；金星上的二氧化碳是地球上的一万倍，足以把生物闷死。

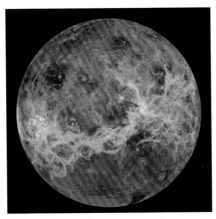

利用雷达拍摄的金星表面

　　以前的人们还会把金星作为吉祥物来看。1812 年，法国皇帝拿破仑一世带兵进军莫斯科时，在白天的天空中看到了金星，据说这是一个幸运的征兆。他认为这预兆着战争的胜利，但是接踵而来的却是他的军队从俄国慌乱撤退。

法国国王拿破仑一世

第四章　地球

地球是人类的摇篮，但人们对地球却是一知半解，不知道纬度与光线的关系，不知道地球自转对四季的影响……但不可否认的是地球进入了"人类纪"，即人类已经成为影响全球地形和地球进化的重要力量，包括空气污染、气候变化、人口增长，以及大范围雨林损失等等。

地球名片

平均半径	6 371 千米
质量	$5.974\,2 \times 10^{24}$ 千克
离太阳平均距离	1.496×10^8 千米
表面温度	-30~45 摄氏度
逃逸速度	11.19 千米 / 秒
回归年长度	365.242 2 天
自转周期	23 时 56 分 4 秒
年龄	46 亿年
寿命	100 亿年

纵观地球

不寻常的地表

大约在公元前 3000 年—公元前 500 年期间，人们普遍认为大地像一个盘子，是平的，而且是由海洋包围着的平平的圆盘，这就是"地平说"。直到公元前 300 年，古希腊哲学家亚里士多德宣布大地是球形的，并且用他的理论解释了"地圆说"。他认为如果大地是平的，人们向南旅行，即使走了很远很远，

人类对地球的影响

也应能看到北极星，但事实却是看不见了，由此解释了"地圆说"。

大约公元前 610 年—公元前 546 年期间，希腊哲学家阿那克西曼德根据自己对地球的理解描绘出了全球地图，认为天体环绕北极星运转。他将天空绘成一个完整球体，而不是仅仅在大地上方的一个半球拱形。自此之后，地球的概念才进入天文学领域，很多资料因而认为阿那克西曼德是天文学的奠基人。

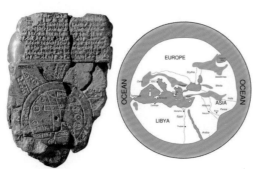

公元前 600 年的古巴比伦地图（左）和公元前 546 年希腊阿那克西曼德绘制的地图

15 世纪后，地球表面的地形问题一直是科学家们争论的焦点。当时出现了两种有代表性的学说：灾变说和均变说。灾变说认为地表

形状是一次又一次自然灾害所致，而均变说则认为地表形状是在自然力的作用下经历了一个漫长的连续的变化而形成的。

1785 年，苏格兰科学家詹姆斯·赫顿在《地球论》中提出了地表形状均变的思想。他认为地表形状是由自身的运动力作用而渐渐形成的，其依据是多年从事河流研究工作观察到的地质现象：河谷的形成是河流多年来冲刷所致，平原则是河流带来的泥沙沉积的结果，这些沉积物的硬化就形成岩石，地面上的这些变化过程永无止境。

科学家詹姆斯·赫顿

今天的地球表面和 46 亿年前的地球表面大相径庭。46 亿年前，地球没有大气、没有海洋、没有河流、没有高山，也没有生命。今天地球的外壳则是由几个巨大的板块组成的。1912 年，魏格纳在不经意间发现了美洲大陆和非洲大陆的轮廓十分契合，之后通过反复的实地考察和研究，提出了大陆漂移学说。根据魏格纳的推测，在 10 ～ 13 亿年前，地球上只有唯一的一个大陆，即地球是一个超级大陆，经过几亿年的慢慢运动，才形成了今天我们看到的地球板块。而大约 4 亿年前，非洲还在南极上。

1968 年，法国地质学家把地球的岩石层划分为六个大板块，即太平洋板块、亚欧板块、美洲板块、印度洋板块、非洲板块和南极洲板块。其中太平洋板块全部沉没（浸没）在海洋底部，另外五个板块上，既有大陆也有海洋。

地球上的超级大陆

从地核到大气层

人类生活在地球上，但人类从来没有去过地球的核心部位。1906 年 4 月 18 日凌晨 5 点 12 分，美国旧金山发生里氏 7.8 级大地震，死亡五六千人，经济损失达 1 亿美元。对美国人来说，这算是历史上的最大灾难之一。与此同时，英国地质学家奥尔德姆用地震波证实了地核的存在。他从这次地震记录的数据中发现，地震波的速度随深度增加到一定深处后开始降低，由此证明了地球是双层的，内部存在一个致密的液态地核。

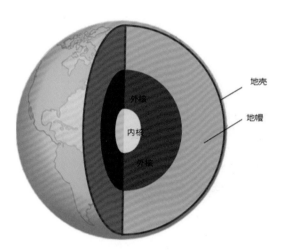

地球的结构

20 世纪 60 年代，英国海洋地质学家赫斯提出了"海底扩张"学说。海底扩张学说是在大陆漂移学说的基础上发展起来的地球地质活动学说。该学说认为：在各大洋的中央有一带状分布的海岭，这些带状海岭是下方地幔软流层的出口；不断涌出的熔岩自海岭流出，冷却而成为刚性强的大洋地壳；大洋地壳不断地受到新的由海岭涌出的熔岩推挤而向两旁移动，使海底面积扩大，同时大陆地壳受到推挤而分离；导致海底扩张的原因是海水压力不平衡导致的板块漂移。

地球上大约 3/4 的表面由海洋覆盖，海水的总量巨大，对海底以及周围陆地的压力也十分巨大。由于受到月球的引力作用和不同区域海水温度不同等因素的影响，海水对不同板块的压力是不平衡的，这就使得板块发生漂移，同时也就产生了海洋带状岭。随着地球温室效应的加剧，地球两极冰川融化，海水总量增加，海水对板块漂移的作用将增大，即大陆漂移的速度将增大，由此导致的结果就是地震和火山喷发增多。

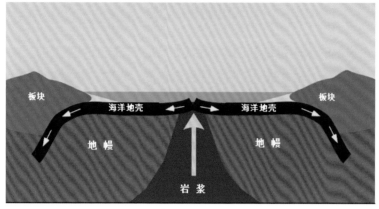

海底扩张的过程

在 1920 年至 1930 年期间，通过高空气球飞行试验，日本、美国和欧洲的科学家发现了高空急流。高空急流是指在地球上数条围绕地球的强而窄的高速气流带，风速达 30 米／秒以上。它集中在对流层顶部，在中高纬度或在低纬度地区都会出现。

在天气图上观察到的急流带环绕地球自西向东弯曲延伸达几千千米，水平宽度约上千千米，垂直厚度达几千米到十几千米。根据急流的形成区域不同可分为极峰和副热带急流等，按急流出现的高度不同，一般可分为高空急流和低空急流。

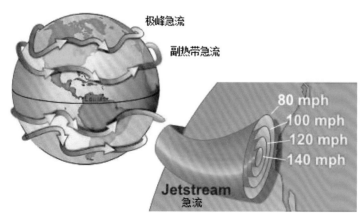

高空急流（图中‘mph’是速度单位，英里／时）

绚丽的天空

为什么日落时太阳是红色的或橙色的？在回答这个问题之前，先来讨论太阳在天空中的颜色。如果要问太阳是什么颜色的，人们一般都会回答白色、红色或者金黄色，却不能肯定太阳到底是什么颜色。那么，在日常生活中有没有办法观测太阳的真实颜色呢？

在白天人们不能直接观察太阳，但是可以利用放大镜将太阳的图像投影到纸上，观察投影图像就会发现太阳的颜色是白色。当太阳进入云层，阳光不再强烈时，人们可以直接观察，它也是白色的。

日落时太阳是红的或橙色的

太阳光包含红外线、可见光、紫外线。阳光的本色是白色的可见光，而白色是由红、橙、黄、绿、青、蓝、紫等不同颜色组合产生的白色视觉。由于空气有散射作用，当光线通过空气时，会有一部分偏离原来的运动方向，且光的波长越短，散射作用越大。日落时，人们观测的太阳离地平线仅有5°左右，阳光到达人们眼中需要穿过十个直射状态下的大气层，由于蓝光波长短，红光波长相对较长，所以蓝光被大量散射，太阳只能呈现红光，这就是为什么日落时太阳是红色或橙黄色。

为什么通常日落比日出颜色更丰富？日出和日落的光线都被悬浮在大气层里的水蒸气和颗粒散射。由于夜晚温度比较低，空气中的水蒸气发生冷凝，在黎明时，空气仅含有少量的水蒸气和固体颗粒，对阳光的散射能力变弱，阳光显得纯粹，不如日落环境下阳光经过散射变得色彩斑斓。

同样地，在海边由于白天阳光辐射使得海水温度升高，空气中水蒸气增加，散射了蓝光，加强了红光；而在内陆，大气层的运动增加了空气中的固体颗粒，所以日落景象会比海边日落色彩更为丰富。

什么原因使日落和日出时太阳发出的光束像探照灯呢？当太阳接近地平线时，有时会放射出华丽的光束，也称"朦胧射线"。这是因为光线在大气层中发生的散射，或在前进的路径上遇到了障碍物，如云、树木或高山等，在云或树木方向上形成阴影。

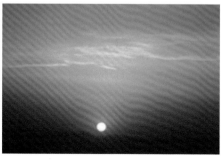

日落时不同环境下阳光的颜色

当空气中含有水滴或灰尘颗粒时，这些光线就可能特别美丽。太阳距离我们非常遥远，所以来自太阳的光线可以被视为是相互平行的，但是在到达地面的过程中或多或少会产生偏差，如同延伸到天际的火车的轨道，看起来会在地平线附近相交。

日落和日出时太阳发出的光来像探照灯

什么是黄道光？黄道也叫"日道"，是一年当中太阳在天球上的视路径，看起来就像是太阳在群星之间移动的路径。黄道是天球的表面与黄道平面的交集，也是地球环绕太阳运行的平均轨道平面。

一些环绕太阳的尘埃微粒会反射太阳的光，并在黄道面上形成金字塔形的光锥，其位置大致与黄道面对称并朝太阳方向增强。

观察黄道光需要一些前期准备。首先，需要在一个星光不明朗的夜晚，因为黄道光的光芒比银河系光芒微弱得多；然后，选择月亮被云层遮住的时刻，这样可以避免月光压倒黄道光。黄道光在高空上比较容易观察，观测地点最好选在

高楼顶层或者是山顶之上。冬季和春季，黄道光出现在西方天空，而秋季，黄道光出现在东部天空。

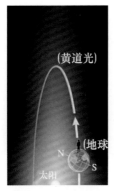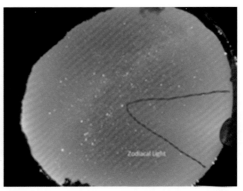

黄道光的位置（左图）和黄道光，用红色标出它的光亮的位置（右图）

什么是绿闪？按照凡尔纳作品，绿闪是一种魔光，只有拥有真心并且献出爱心的人才能看见。但有些人认为绿闪是传说，还有人认为绿闪是真的，目前还不清楚它的产生原因，而具有冒险精神的人，则以见到绿闪为傲。

事实上，太阳绿闪是真实存在的现象。日落时，太阳光从接近于平行地面的角度射来，由于通常海面温度较低，因此大气上疏下密，因而阳光呈一个向下弯曲的曲线进行折射，又由于短波长的光更容易被折射，因此短波长的绿光和蓝光被大气更强烈地偏折。从观察者的角度看，太阳具有多个像：在红橙色像偏上位置处，还有一个蓝绿色的像。因此，当太阳徐徐落下和日出时都有这种现象，只不过时间点很难确定。观看太阳边缘的绿闪，要求海面不能有云，而且海水要足够平静，大气扰动小，大气密度上疏下密等。

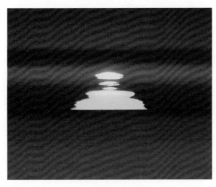

太阳的绿闪

此外，在太阳的下端还有更为罕见的红闪。其实太阳并非真的变绿或变红，只是地球的大气层就像三棱镜一样，将阳光折射后产生出了红闪或绿闪。

为什么下午我们不感觉很晒，而太阳光线仍然很热？一天当中最热的时候是下午二点至三点，而不是中午十二点。这是因为近地面的大气热源主要来自于地面辐射，而地面辐射热量来自于太阳辐射，这期间的热量转换需要 2 小时左右，所以人们感到的最高气温是下午二点至三点；中午十二点只是太阳辐射最强的时刻而已。

午后阳光辐射不强，所以易干农活

　　为什么遥远的星星一闪一闪的？为什么太阳系内的行星不闪？从其他星系的恒星发出的光，经过很长的距离，穿过地球的大气层才能到达我们眼中。由于大气层温度和密度不同，会使大气层上层冷空气下沉，也会使下层暖空气上升。冷空气的密度大，而暖空气的密度小，密度大的空气不断流向密度小的空气，形成动荡、涡流和风。当光穿过大气层时，温度和密度不断改变的空气层会使光线发生多次折射，恒星发出的光传到我们眼中就会变得忽前忽后、忽左忽右、忽明忽暗，总在不断地变化，这就是星星闪烁的原因。

　　而观测太阳系内行星发出的光芒，则不会看到星光闪烁。太阳系内行星十分接近地球，所以光线穿过大气层时光线弯曲不大，因此不会出现闪烁现象。

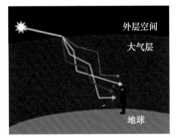
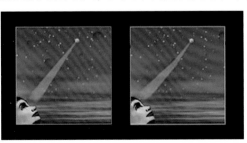

观测其他遥远的恒星

转动的地球

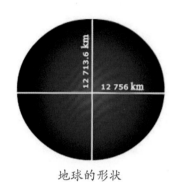

地球的形状

地球并不是一个正球体，这是因为地球自转改变了它的形状。英国物理学家牛顿曾指出，地球由于围绕自转轴旋转，因而不可能是正球体，而只能是一个两极压缩，赤道隆起，像橘子一样的扁球体，但当时很多人反对牛顿的观点。后来，法国国王路易十四派出两个远征队，去实测子午线的弧度，证明了牛顿的扁球理论是正确的。

在赤道上，地球的直径是 12 756 千米，比从北极到南极的直径长 42.4 千米。在赤道上，地球自转的线速度是 45 米 / 秒，而在两极处，因为地球的周长比较小，所以自转的线速度就比较小。地球有一个自转轴，地球每天从西向东旋转，这就是人们每天看见太阳从东升起的原因。

绕太阳的视运动

太阳周年视运动实质是地球公转运动的一种反映。

地球绕太阳运行的轨道是椭圆形的，地球与太阳的距离不总是相等。每年的一月份，地球与太阳的距离最近，大约为 147 496 千米，也称为近日点。每年的 7 月份，地球与太阳的距离最远，大约为 152 501 千米，也称为远日点。

假如 3 月 21 日，你站在赤道上，太阳正好在头顶的正上方，其白天和晚上的时间相等，这一天为春分。而 6 月 21 日称为夏至，这一天太阳会直射到北回归线，正好是北半球的夏天，同时也是北半球全年白天最长的一天。在 6 月 21 日，北极没有黑夜，整个 24 小时都是白天。

当春分过去六个月之后，9 月 22 日称为秋分，与春分一样，太阳正好在赤道的正上方，这一天的白天和晚上时间相等。再过三个月之后，12 月 21 日，也称冬至，太阳光直射到南回归线，这是南半球最长的白天，也是北半球最短的白天。冬至时南极没有黑夜，而北极则没有白天。

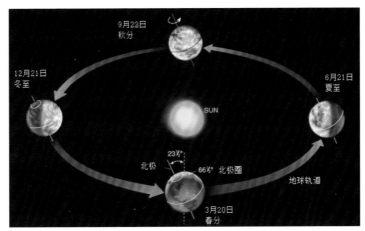

地球在轨道上运动出现四个季节

倾斜的自转轴

太阳带给地球光和热。太阳辐射的强度决定地球表面某一范围（或区域）的温度。太阳垂直照射时，单位表面积接受的辐射量大，气温高。太阳倾斜照射时，单位表面积接受的辐射量小，气温低。没有阳光照射时，气温会持续下降。

地球绕轴旋转（想象一根棍子，穿过南北两极），但地轴不是直立的，而是有一个倾斜角度。这个角随时间而变化，目前已知地轴倾斜有周期性的变化，约 40 000 年为一个周期，幅度从 22.1° 到 24.5°，目前的倾斜度是 23.5°。如果倾角增加，则夏季变暖，冬天变冷。此外，地球椭圆轨道的偏心率以十万年左右的周期在变化。

由于地球自转轴倾斜，当地球北极倾向太阳时，太阳光的直射点在北半球，北半球接受的辐射量大，气温高，就是北半球的夏季。而在南半球，太阳是斜射地面的，单位表面积接受的辐射量小，气温就低，就是南半球的冬季。当地球的南极倾向太阳时，因为同样的原因，南北半球的季节恰好相反。

假设地球自转轴不倾斜，则地球上一年中每天的正午太阳高度都不变，每天接收的太阳辐射都一样，气温也都一样，就不会有四季的区别，每个地方就

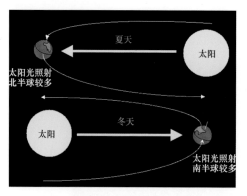

太阳照射强度决定地球的季节

地球自转轴的周期性变化幅度

只有一季，赤道和南北纬30度以内的地方永远是夏季，南北纬60度以上的地方永远是冬季。如果地球自转轴不倾斜，太阳直射点固定在赤道，地球各地区受热常年不变，气候基本不改变。如果那时还有四季之分的话，从赤道向两极的气候变化为夏季、春季、秋季、冬季。

由于地球绕太阳公转时，地球的自转轴受到日、月引力的影响而在空中做锥形运动，也就是物理学上所谓的进动现象。进动就是岁差，两者名词不同。岁差是天文学的名词，进动造成岁差。地球岁差的周期大约是26 000年，岁差现象使地轴在黄道打转，造成春分点平均每年后退50弧秒。今天太阳运行，每月所在的黄道十二星座，与3 000多年以前发明的占星术中太阳所在的星座已经不同。北极星也逐渐移动，14 000年后，织女星将成为北极星。

与进动有关的一种运动称为章动，是在进动过程中，地球自转轴轻微抖动的现象。这两种运动都是因为地球自转轴倾斜，以及地球因为自转所造成的形状改变所产生的。

在地球上，纬度是一个角度，其范围是从赤道的0度到南北极的90度。纬度相同的连线或其平行线，是一个与赤道平行的大圆。通常纬度与经度一起使用，以确

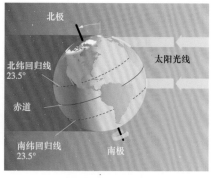

太阳光线与纬度

定地表上某点的精确位置。GPS 或北斗导航仪器输出的数据就是地球当前位置的经度和纬度。

在地球表面不同的纬度上接收到的太阳辐射能量是不同的。在低纬度的地区，太阳光线辐射几乎是直射的，这时太阳辐射的能量被集中在地球上的一个小区域内，所接收到的太阳能量不会被扩散很多。在高纬度的地方，太阳光线以一定的角度照射到地球表面上，照射面积比较大，接收到的太阳能量被扩散很多。

传奇故事

恐龙是怎么灭绝的？

1980 年美国物理学家路易斯·阿尔瓦雷茨发现岩层中的铱元素来自太空，而在地球上各地都有富含铱的岩石。因此，根据对铱元素含量的测量，他推测在白垩纪晚期，一定有一颗宽 10 千米的彗星撞向地球，释放出比氢弹强几百万倍的能量，地球变成一片火海，之后碎片和尘埃又遮蔽太阳，大地在数年之内变成寒冷的世界。1991 年，地质学家测出墨西哥东南部犹加敦半岛一个 160 千米宽的陨石坑，正好符合阿尔瓦雷茨等人的推测。因此，人们能更加清晰地勾画出彗星撞击地球而造成恐龙灭绝时的灾难情景。

人们勾画出的恐龙灭绝时的灾难情景是这样的：6 500 万年前，有一颗直径大约 10 千米的小行星与地球猛烈相撞，撞击的时速约为 10 万千米 / 时，引起一场大爆炸；大爆炸把大量的尘埃抛

路易斯·阿尔瓦雷茨

入大气层中，形成遮天蔽日的尘雾，使地球上一段时间内一片黑暗，气温骤降；植物因为没有光合作用而枯萎，动物的"食物链"中断，恐龙纷纷死去直至灭绝。

我从地球来

发现达人

第一个测量出地球周长的人

大约在公元前 240 年，希腊学者埃拉托色尼测量出了地球周长。他是世界上最早测量地球周长的人。他根据比较同一时刻不同地点太阳光线仰角而测量出地球的周长，也是世界最早以估测方法证实"地圆说"的人。直到今天人们还不理解他当时为什么会测量得那么精确。埃拉托色尼于公元前276年出生于昔兰尼，没有人真的知道他长什么样。

翻阅羊皮书的埃拉托色尼

1635 年，有人绘制了埃拉托色尼的工作照，描绘了埃拉托色尼正在教弟子地球理论的情景。

大约在 1600 年，指南针出现之后，受指南针的磁力现象的启发，英国伊丽莎白女王的御医威廉·吉尔伯特做了一系列科学实验，认为引力无非就是磁力，提出了一种所谓"小地球"的实验，即用一块天然磁石磨制成一个大磁石球，然后用小铁丝制成小磁针放在磁石球上面，结果发现这根小磁针的全部行为和指南针在地球上的行为十分相似。在此基础上，他提出一种设想，认为整个地球是一块巨大的磁石，表面被一层水、岩石和泥土覆盖着，两极位于地理北极和地理南极附近。

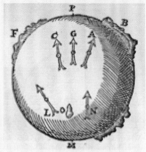

威廉·吉尔伯特（左）和他的"小地球"实验（右）

第一个成功称量地球的人

古代很多科学家都试图利用"质量＝密度×体积"的公式来计算地球质量。但由于地球各部分的密度不同，而且地球中心的密度根本无法知道，所以当时"权威"断言：人类永远不会知道地球质量。后来，牛顿发现了万有引力定律。他非常兴奋，为解决"称量地球"的难题，精心设计了几个实验，企图通过测量两个物体之间的引力而测得地球质量，但都以失败告终。

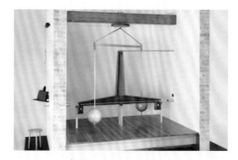

卡文迪什称量地球的扭秤

英国科学家亨利·卡文迪什一直好奇"称量地球"这个难题。1798年，他设计了一台"测量微小引力的仪器"，也称为"扭秤"。他利用这个"扭秤"秤出了地球的质量。因此卡文迪什就被称为"称量地球的第一人"，后来剑桥大学还把卡文迪什工作过的实验室命名为"卡文迪什实验室"。

第一个估测出地球年龄的人

1953年，克莱尔·彼得森利用同位素法最早测定了地球的年龄，约为45.5亿年。他是20世纪最有影响的地质学家，但很少有人听说过他的名字。测定地球年龄的最初困难是寻找合适的古老的岩石。他用了数年时间收集陨石样本，之后将它带到实验室进行实验，最终测出了地球的年龄。

然而，彼得森对人类的最大贡献并不是确认地球的年龄。测完地球年龄之后，他马上把注意力转移到了铅污染问题上。他认为大气中有大量的铅，其中90%以上来自汽车尾气。1978年，彼得森做了一项报告，详细地描述了铅在汽油、食品包装、油漆和供水中的使用，并且提出了控制方法的建议。30年之后，他的观点被广泛接受，他提出的控制铅污染的方法也被全世界很多国家采用。

第五章　月球

月球是地球唯一的卫星，也是人类登陆过的唯一地外天体。1969 年至 1972 年期间美国的"阿波罗号"先后 6 次载人登月，共有 12 名美国航天员登上月球并开展科学考察、采集月球样品和埋设长期探测月球的科学仪器，共带回 381.7 千克月球样品，大大提高了人类对月球起源和演化的认识。

月球名片

赤道直径	3 476.28 千米
质量	7.349×10^{22} 千克
重力（地球 =1）	1/6
到地球距离	363 300 ~ 405 493 千米
轨道倾角	18.28 ~ 28.58 度
自转周期	27.321 66 天
轨道周期	27.32 天
最低温度	−180 摄氏度
最高温度	160 摄氏度

争先恐后探测月球

苏联"月球1号"探测器

"月球1号"探测器是苏联,也是人类发射成功的第一个星际探测器。1959年1月2日,"月球1号"在苏联拜科努尔发射场升空,随即离开地球轨道,并于1月4日在5 995千米外掠过月球。同年发射的"月球2号"探测器同样以不到两天的时间到达月球,并且成为第一个在月球表面实现硬着陆的航天器。之后苏联又发射了一系列"月球号"探测器,取得了举世瞩目的成绩:"月球3号"探测器第一个拍摄到了月球背面的照片,"月球9号"是人类第一个在地外天体上软着陆的探测器,"月球10号"是第一个环月飞行的探测器,"月球16号"成为第一个在月球表面采集样品后返回的无人探测器,"月球17号"释放了一辆月球车,拍摄到月面照片和视频。在1956年至1979年期

苏联"月球17号"搭载的"月球车1号"

"月球9号"探测器

间，苏联一共发射了 40 个"月球号"探测器，其中 24 个被正式命名，18 个完成了探月任务，经历了飞越、硬着陆、环绕、软着陆和取样返回等探测阶段。

1966 年，世界上第一颗在月球上实现着陆的"月球 9 号"探测器，确认了月球表面是坚固的，足以支持探测器的质量。另外，也证明了人在月球上行走不会下沉。

1969 年 7 月 16 日，"阿波罗 11 号"飞船搭载在巨大的"土星 5 号"运载火箭上于美国肯尼迪航天发射中心升空，12 分钟后进入地球轨道。飞船在环绕地球一周半后由第三级子火箭点火加速，进入地月转移轨道，并于 7 月 19 日减速进入月球轨道，最终降落在月球上，实现了人类历史上的首次登月之旅。

"阿波罗 11 号"飞船

人类首次登月

美国航天员尼尔·奥尔登·阿姆斯特朗

阿姆斯特朗在月球上留下的脚印

中国的首颗人造绕月卫星"嫦娥 1 号"的总质量达 2 350 千克，尺寸为

2米×1.72米×2.2米，太阳能电池帆板展开长度18米，并以中国古代神话人物嫦娥命名，寓意"嫦娥奔月"。2007年10月24日，"嫦娥1号"搭载在我国"长征三号甲"运载火箭上，于西昌卫星发射中心发射升空，先是被送入地球同步轨道，然后三次变轨椭圆轨道。2007年10月31日，当"嫦娥1号"再一次抵达近地点时，主发动机打开，卫星迅速加速，在短短几分钟内速度提升至10.916千米/秒，进入地月转移轨道，真正开始了从地球向月球的飞跃。经过大约83小时的飞行后，"嫦娥1号"逐渐接近月球，依靠控制火箭的反向助推减速，于11月5日前后被月球引力"俘获"，进入12小时月球轨道，真正成为一颗绕月卫星。之后再经过几次制动，将"嫦娥1号"轨道降低至距离月球表面200千米处，开始对月球进行探测实验。

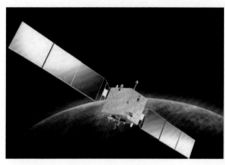

"嫦娥1号"探月卫星

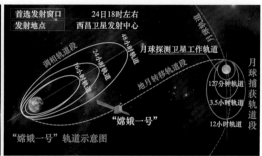

"嫦娥1号"探月轨道图

欧空局研制的"智慧1号"是欧洲发射的首枚月球探测器。它属于轻量级探测器，发射时重约367千克，横断面长1米。这个探测器执行的任务虽小，但研究的却是目前最为尖端的技术。它是世界上第一个采用太阳能离子发动机作为主要推进系统的探测器。该发动机利用探测器自身太阳能帆板接收的带电粒子

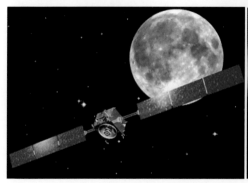

"智慧1号"月球探测器

"智慧1号"搭载的离子发动机

束作为动力，在整个飞行过程中，仅仅消耗了 82 千克的惰性气体燃料氙，燃料利用效率比传统化学燃料发动机高了 10 倍，是最省燃料的飞往月球的方式。

1994 年 1 月 25 日，美国发射了"克莱门蒂 1 号"月球探测器。它的任务包括使用不同波长的可见光、紫外线和红外线对月球成像，还包括激光测距、测高、测量重力以及测量带电粒子。

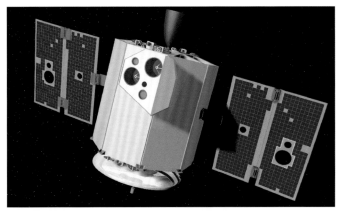

"克莱门蒂 1 号"月球探测器

目前飞行速度最快的"新视野号"探测器于 2006 年 1 月 19 日从美国卡纳维拉尔角发射场成功发射。由于这颗探测器有一个加速火箭，使得其速度能够达到 58 000 千米 / 时。"新视野号"探测器只用了 8 小时 35 分钟就到达了月球轨道，之后它并没有减速，继续飞向外太空。

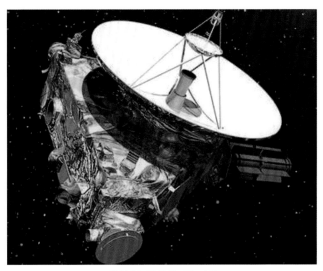

"新视野号"探测器

2009 年美国实施月球环形山观测和遥感卫星任务，发射了两架航天器撞击月球表面。它们分别为"月球环形山观测和遥感卫星"和"月球勘测轨道器"，撞月任务的科学家们希望通过分析撞击产生的尘埃找到月球北极隐藏有氢的证据。

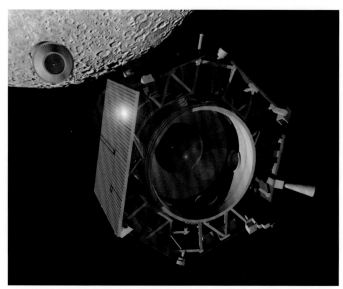

"月球环形山观测和遥感卫星"和"月球勘测轨道器"

1998 年，美国"月球勘测轨道器"在月球的南极发现了过量的氢，这表明在被永久遮挡的陨石坑内存在水冰。

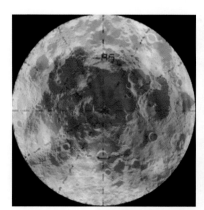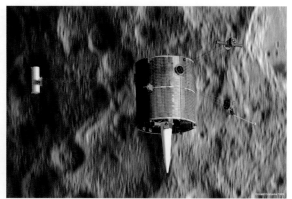

"月球勘测轨道"拍摄的月球南极照片（左图中的蓝色为过量的氢）

虽然就目前而言，地月穿梭时间仍然比较长，但也许 10 年以后，人类会实

路途有多远

谈到飞向月球需要多长时间，首先联想到的就是一个经典的物理公式：时间＝路程／速度。但是实际上航天器的飞行时间并不完全取决于这两个因素，还受到很多其他因素的影响和制约，例如在资料或影视作品中经常提到的发射窗口、燃料消耗、轨道方案等。

目前很多国家的航天器已经具备了进入到月球轨道的能力，甚至可以在月球表面着陆，而且飞向月球的方式也在不断地变化和发展。一些月球探测器采用"硬着陆"的方式飞向月球，也就是采用火箭猛烈地推击航天器（探测器），使之直接撞击到月球上，但这种方式通常出现在探测研究的终止阶段，因为剧烈的碰撞对探测器的结构和性能都会造成很大的破坏，使之很难在月球表面继续工作；而另一些月球探测器则采用软着陆的方式，即用离子发动机慢慢地接触月球，缓缓地着陆。未来人类飞向月球将会有更多的方式，但是无论哪种方式，从地球到月球都会有多种飞行路线。飞行路线也称飞行轨迹，决定了飞往月球的快慢。

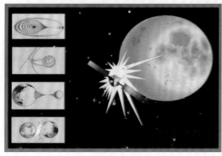

硬着陆方式　　　　　　　　"嫦娥3号"探测器软着陆过程

飞向月球需要的时间

航天探测器	发射时间	到达月球时间	花费时间	到达方式
嫦娥1号	2007.10.24	2007.11.5	13天	环月绕飞
智慧1号	2003.9.27	2006.9.3	1 071天	硬着陆
阿波罗11号	1969.7.16	199.7.19	3天	软着陆
月球1号	1959.1.2	1959.1.4	1.5天	飞掠
新视野号	2006.1.19	2006.1.19	8.5小时	飞掠

63

现最初的设想，让地月旅行的时间缩短到像上下班一样。等到那时，飞向月球到底需要多长时间就不再是工程师考虑的问题了，而仅仅取决于人们需要它飞多长时间。未来的太空旅游公司将会提供不同种类的观光模式：比如说提供一种长时间的巡航模式，使用离子推进器滑行至月球，使游客能够慢慢地观赏太空美景；或者有些游客喜欢刺激，就可以选择一次激动人心的火箭旅行，在几个小时内飞抵月球，这种刺激的飞行方式会令人终生难忘。

　　未来月球还可以作为太空旅店，成为短距离观光旅游的出发点和中转站，方便游客登月旅游或者更长时间地停留在太空。例如在飞向火星的旅途中，月球可以作为一个中转站，乘客们能够在此短暂停留休息，之后换乘飞向火星的航天器继续行程。

未来的月球中转站

月球形成之谜

　　科学家们从月震波的传播了解到月球也有壳、幔、核等分层结构。最外层的月壳平均厚度为 60 ～ 64.7 千米。月壳下面到 1 000 千米深度是月幔，占月球的大部分体积。月幔下面是月核，月核的温度约为 1 000~1 500 摄氏度，所以月核很可能是由熔融状态的物质构成。

月球正面大量分布着暗色的由火山喷出的玄武岩熔岩流充填的巨大撞击坑，形成了广阔的平原，称为"月海"。月海的外围和月海之间夹杂着明亮的、古老的斜长岩高地和醒目的撞击坑。它是天空中除太阳之外最亮的天体，尽管它呈现非常明亮的白色，但其表面实际很暗，反射率仅略高于旧沥青。1.08 亿年前，由于陨石撞击月球形成的第谷坑，远看形状类似

月球上的第谷坑

环形山，所以也称环形山。这个环形山直径为 85 千米，中央峰从东南到西北的宽度大约是 14.97 千米。满月时，人们不需要借助望远镜就可以看见这个坑。因为月球没有大气的腐蚀，所以这个坑已经完整地保存了 1.08 亿年。

月球从哪里来，一直是人类争论的问题。目前有四种理论，分别为分裂理论、姐妹理论、捕获理论和撞击理论。

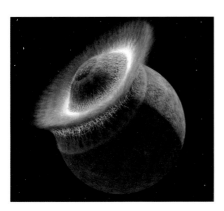

宇宙碎片撞击一颗行星

分裂理论认为月球曾经是地球的一部分，在太阳系形成的早期，由于某种未知的自发力量将地球和月球给分裂开了。但随着航天技术的发展，阿波罗登月任务将月球土壤带回到地球，证明了月球土壤和地球土壤的化学成分是截然不同的，因此这种理论被彻底否定。

捕获理论认为月球没有固定轨道，曾经漂泊在太空里，进入太阳系后，由于地球引力作用，被固定在现在的轨道上。

　　姐妹理论认为月球和地球是同时形成的。当地球形成时，周围还有大量尘埃和石块围绕地球旋转，靠近地球的尘埃和石块被地球捕获，而有些石块由于旋转速度快，无法落到地球上，便由于自身引力聚集在一起，形成了月球。

　　撞击理论认为太阳系刚形成的时候，一颗大小如同火星的小行星，以某种形式击中地球，并使地球喷出大量的物质。这些喷出物进入太空，经过重整后在环绕地球的轨道上合并成一个单一的固体，形成了月球。今天，计算机仿真技术可以模拟这一理论，阿波罗任务带回到地球的样本中也发现了月球上有地球的脆皮。

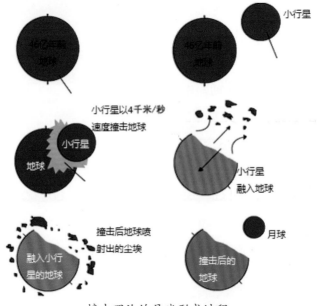

撞击理论的月球形成过程

为何重返月球?

　　1984 年，在美国国家航空航天局召开的第一届月球移民会议上，德裔美籍航天科学家克拉夫·伊利克博士曾经宣称："如果上帝期望人类成为能进行航天旅行的生物种群，他早就该把月球赐予人类。"但时至今日，人类也没能够在月球上生活。距离人类第一次登上月球已经过去了将近50年的时间。近50多年中，人类社会从经济到技术都有了巨大的发展与进步，全球又一次掀起了探月的高潮，中国、俄罗斯、印度、日本、欧洲航天局等国家和组织都制定了自己的月球探测计划，并已开始付诸行动。这些计划最终的目的是单独或联合在月球上建立载人基地，进而为人类社会的可持续发展服务。

自从"阿波罗"计划完成以后，美国似乎对在月球探索和开发活动方面走得更远失去了兴趣。布什总统于2004年提出重返月球的"星座计划"因耗资巨大而被奥巴马政府终止，美国政府也宣布将战略目标调整为2035年左右实现载人火星探测。然而，行星科学家克里斯托弗·麦凯认为，当下世界各大国家探索月球的热情正在逐渐升温，美国有必要重返月球并建立载人月球基地，他给出了6个理由。

比比个

月球的质量中心和地球的质量中心长期的平均距离大约是385 000千米，约为地球半径的60倍。两者共同的质心大约离地球中心4 670千米，也就是在地表下约1 700千米。地月直径比例为4∶1，地月质量比例为81∶1。

地球与月球对比图

理由1：提高美国的影响力

在过去的几十年里，只有美国和苏联进行了探月工作。如今，又有中国、印度、日本等国家，以及太空探索科技公司（SpaceX）和月球快递公司（Moon Express）等私人企业加入到了探月活动的行列中。如果美国想在国际社会该如何对待月球资源的问题上掌握话语权，如：私人公司是否可以让旅行者参观阿姆斯特朗的第一个登月脚印，参观时能离脚印有多远，以及如何制定开发月球的规则等等，就需要积极开展重返月球的活动，抢占先机。

美国许多著名的大学教授也对美国航空航天局在未来月球探索活动中所扮演的角色表示担忧。他们认为，美国现在没有积极参与到探索月球的活动中去，可能会使美国逐渐失去曾经在探月方面的领先优势。

这是国外的漫画，其中表述大意是：中国的"嫦娥3号"月球着陆器和"玉兔"探测器任务似乎是中国不可避免地开发月球上的第一阶段。富裕、环境污染和人口过剩是推动东方"红龙"被安置到月球的三个因素

日本大冢药业公司宝矿力饮料的广告，正在飞向月球

理由2：推动月球探索相关行业

由美国国家科学基金会负责的"美国南极计划"为月球基地如何建造和运营提供了一个很好的样本。美国在南极建立的小型研究基地已经有60余年的历史。该基地不仅为如何开展南极旅游积累了经验，而且为月球旅游与管理奠定了基础。如果可以在月球上建立基地，那么该项目势必会推进太空旅游、月球采矿、航天飞行器加油站等一系列月球开发产业的发展。

实施60余年的美国南极计划

美国航空航天局科学家把南极研究基地比作一个永久月球基地。右图为阿蒙森斯科特南极站鸟瞰图，左图为欧空局计划建设的廉价月球基地。

理由3：更深入地了解月球

月球可以说是太空中离地球最近的"邻居"了，但人们对它仍是知之甚少。如果成功建造了月球基地，科学家们就能对月球进行更深入的了解，可探索月球形成的原因、分析月球地质特征、了解月球上的矿物分布情况等。此外还可以开采和利用月球上的资源，为将来进行的火星探索奠定基础。

理由 4：分析在宇宙中生活对人类健康的影响

月球的环境与地球的环境差异很大，航天员会处在低重力、空间辐射、月尘等很多潜在威胁之中。那么在月球上生活会对人类的健康以及免疫系统产生怎样的影响呢？建造月球基地可以帮助科学家们了解更多关于宇宙中的各种不良环境因素对人类的影响，这些信息对未来将开展的深空探测也会有很大的帮助。

理由 5：学习如何建造和经营外星基地

未来，如果人们想在火星上建造基地，那么可以先在月球上证明它的可行性。月球基地可以为生命保障系统、可持续能源系统、防护系统、水循环系统以及故障检修系统等方面提供宝贵的经验。即使基地运行出现了问题，从地球抵达月球基地也只需要 3 天时间，但要到火星却需要长达半年之久，所以这些经验对未来火星开发十分重要。

理由 6：从地球人变成"宇宙人"

如果人类真的想变成太阳系中的物种，那么我们不应该只停留在探索其他星球阶段，而应该去那里游览并且证明我们有能力在上面生存下来。我们要尝试在月球、火星或者其他星球上生存。如果有一天地球不再适合居住，人类也能继续繁衍几千年、几万年甚至是几百万年。

从以上 6 点理由可以看出，美国虽然将战略目标调整为载人火星探测，但是月球探测的重要性也是不言而喻的。其实，对于美国政府来说重返月球最大的障碍就是"钱"。

"阿波罗"计划可以说是人类历史上最伟大的成就之一，当然也是最"烧钱"的项目之一。从 1961 年 5 月到 1972 年 12 月，美国在 11 年的时间里将 12 人送上月球表面，耗费了约 255 亿美元的巨资。

不过现在人类似乎可以采用更经济的方式重返月球，并在月球上建立月球基地。美国的科学家们计算分析后发现，在未来的 5 ~ 7 年时间里花费约 100 亿美元的经费就可以完成这项任务，其中的主要途径就是与私人公司共同探测月球。航天专家分析发现，月球本身有着巨大的商业价值，在他们看来，月球基地除了能作为科学研究的重要场所，还可以作为商业开采中心。该中心一方面可以开采和利用月球上的丰富资源，另一方面可以从月壤中提取水。水经过处理后，能得到作为宇宙飞行器重要燃料的氢能源。

但是，如果为了开发月球而无节制地消耗地球资源，终将会得不偿失。所以，重返月球还是应该从长计议，不能把月球开发搞成昙花一现，而是要把它建成人类在地球以外的长久栖息地，以及飞向更远深空的跳板。

科学家打算用 5 ~ 7 年的时间，花费 100 亿美元，在月球上建设一个能够容纳 10 人的基地（左）。在月球上开矿，可以获取很多资源，如获取火箭推剂资源（右）

英国的 SmartThings 团队调查了 2 000 名成年人，他们一致认为国家在 100 年的时间里，最有可能实现的事情是：向空间发展，获取月球稀缺资源。

第六章　火星

在相当一段时间内，人们都把发现外星人的希望寄托于火星，编撰了不计其数的火星人的故事。遗憾的是，人们满怀希望地把航天器发射到火星后，却发现火星是一颗干燥的、由沙漠和冰盖覆盖整个表面的行星。但是，近年来人们又发现了火星上以前有水的诸多证据，曾经被扑灭的希望又再度被点燃。

火星名片

赤道直径	6 794 千米
质量	$6.412\,9 \times 10^{23}$ 千克
到太阳距离	$2\,279 \times 10^{3}$ 千米
自转周期	24.622 9 小时
轨道周期	687 天
表面温度	-64 摄氏度
卫星数量	2

考察火星

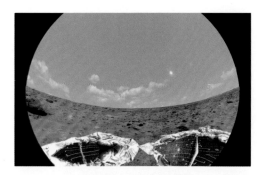

火星的环境地貌图像

从 1960 年 10 月 10 日苏联发射"火星 1960A"探测器至今，人类共组织实施了 43 次火星探测任务，成功或部分成功的仅有 22 次。受天体运行规律的限制，每 26 个月才有一次有利的火星探测发射时机。中国计划于 2020 年实施的首次火星探测将一次实现"环绕、着陆、巡视"三个目标。目前，美国航空航天局的"好奇号"等是最受公众关注的火星探测器。在人类目前的探测活动中，对火星的探测远超其他星球，不仅进行了环境探测，而且展开了一轮又一轮的登陆考察。

1965 年，第一艘抵达火星的人类航天器——"水手 4 号"航天器第一次成功飞越火星，拍下了火星南半球的 21 张图片。人们发现火星的陨石坑很像月亮上的陨石坑。

1971 年，第一颗火星轨道飞行器"水手 9 号"发现了火星上一个巨大的、休眠的火山。南半球比相对更年轻的北半球有更多的陨石坑。

美国于 1975 年发射的两艘"海盗"探测器离开地球前往火星，传回了第一张从火星表面拍摄的图片，发现了一条似乎干涸的河床分支。

"水手 4 号"拍的陨石坑

"海盗2号"着陆火星

　　"好奇号"火星车是美国第七个火星着陆探测器，第四台火星车，也是四个漫步火星的火星车中最新和最大的一个。它于2011年11月发射，2012年8月成功登陆火星表面，是世界上第一辆采用核动力驱动的火星车。

正在火星表面巡视的"好奇号"探测器

　　"好奇号"之前的三个火星车的情况如何呢？"索杰纳号"火星车在1996年探测了克里斯平原，之后被安置在母船附近。孪生火星车"勇气号"和"机遇号"于2004年到达火星，探测了火星上很大面积的区域。

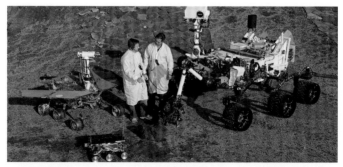

三代火星车：索杰纳（前），机遇号（左），好奇号（右）

2018年5月6日，美国航空航天局发射了"洞察号"火星登陆器和两颗以卡通明星"瓦力"和"伊娃"命名的环绕火星飞行的卫星。"洞察号"是人类首个根植于着陆地点并探索其周边事物的火星着陆器。它携带监测火星内部"脉搏"的高灵敏度地震仪，帮助科学家了解火星地面原子级别的运动，分析火星内部结构情况。"洞察号"计划向火星内部埋入一个"体温计"，帮助科学家探测火星内部温度的变化情况。"洞察号"还携带了"旋转和内部结构实验仪"，科学家可以通过火星与地球间的无线电传输，计算火星绕轴旋转产生的扰动，进而估算火星内核的尺寸。

与"洞察号"一同前往火星的"瓦力号"和"伊娃号"是人类首个送入火星轨道的立方体卫星，任务是把"洞察号"探测的信息发回地球。

美国发射的"洞察号"探测器

路途有多远

　　为了确定到达火星需要的时间，必须先确定地球与火星之间的距离，但两颗行星之间的距离因环绕太阳的运行而时刻变化着。地球和火星最近点的距离是 5 460 万千米。而当两颗行星位于太阳的两边时，两者之间距离最远，大约为 4.01 亿千米。

　　从火星表面发出的光到达地球的最短时间约为 3 分钟。对于航天器来说，到达火星的时间主要取决于发射任务时两颗行星所处的轨道位置，同时还取决于推进系统的水平。从地球发射的最快的宇宙飞船是"新视野号"探测器，这个探测器到达火星的时间为 942 小时（约 39 天）。

　　电影《火星救援》里的很多技术是真实可行的，但是根据美国麻省理工学院的研究人员分析，电影里的救援路线并非最佳。于是，人们想出了从地球前往火星的最佳路线就是利用月球中转。

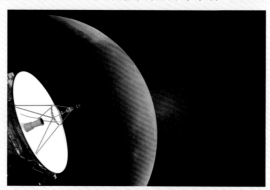

正在飞向火星的"新视野号"探测器

飞向火星需要的时间

航天探测器	发射时间	到达火星时间	花费时间	到达方式
凤凰号	2007.8.4	2008.5.25	9个月	着陆
勇气号	2003.6.11	2004.1.4	7个月	着陆
好奇号	2011.11.26	2012.8.6	8个月	着陆
海盗1号	1975.8.20	1976.7.20	11个月	着陆
海盗2号	1975.9.9	1976.9.3	12个月	着陆
机遇号	2003.7.7	2004.1.25	6个月	撞击
曼加里安号	2013.11.5	2014.9.24	10个月	进入火星轨道
弗伯斯2号	1988.7.12	1989.1.29	6个月	进入火星轨道

与地球最像的行星

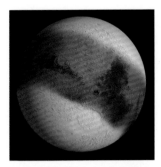

冬季的冰盖

英国天文学家威廉·赫歇尔利用对火星自旋周期的测量，发现它的轴是倾斜25.2度的。因此，火星也有四季。赫歇尔指出火星上冰冠的大小随着季节而改变。

当行星自转轴倾斜时，行星表面上的光照量在一年里会不断变化。像地球一样，火星在一年期间也有春夏秋冬的更替。但火星上每个季节都是地球的两倍长，因为火星公转周期约是地球的2倍。

在火星的南北极，则像地球一样常年覆盖着白皑皑的冰盖。这两个冰盖的尺寸会随着火星气候的变化而变化。火星北极冠的水冰更多，而南极冠固态二氧化碳更多。在火星的冬季，南极冠可以蔓延半个火星南半球。在夏季，这些极冠几乎全部消失。然而北极冠大小变化却没有南极冠那么明显，因为无论是在冬季还是夏季，火星北半球总是比南半球寒冷得多。

火星的四季

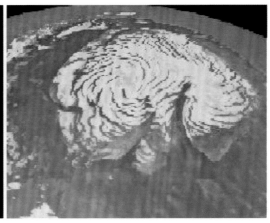

火星的冰盖

在火星表面经常会有速度约 10 千米 / 时的风吹过。酷似龙卷风的火星旋风会吹起红色的火星沙尘，最大时可以把整个火星表面覆盖上一层毯子似的沙尘。

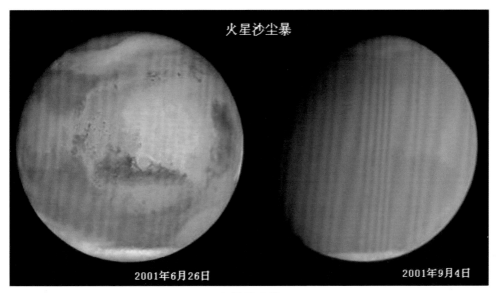

火星沙尘暴

虽然火星表面没有液态水，但科学家们发现火星上目前还是有很多水，不过绝大部分都被冰冻在火星两极的内部，以冰冻的土壤形式存在，也称为永久冻土，而且火星深处有可能存在大量未知的液态水。

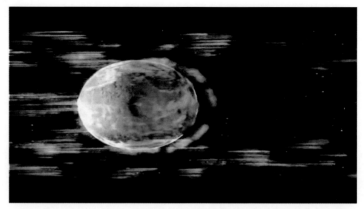

太阳风吹火星大气

　　火星上有很多火山。像地球上夏威夷群岛的"盾状火山"一样，这些火山都非常宽，拥有非常长的斜坡。火星是太阳系中最大火山的所在地，其中四座大火山在塔西斯高地。这是一个位于火星赤道上的凸起的地方。这四座火山中最大的就是奥林匹斯火山。奥林匹斯火山高约 25 千米，半径约 600 千米，比地球上最高的珠穆朗玛峰还要高出两倍多。目前还不能确定这些火山最近一次爆发的时间，也许有一亿多年未曾爆发过了。

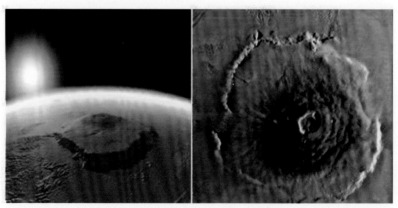

太阳系中最高的火山——奥林匹斯火山

　　"水手谷"是火星上一个巨大的峡谷群，位于火星赤道附近，绵延 4 000 多千米，由美国 1971 年发射的 "水手 9 号"探测器首次发现。构成"水手谷"的峡谷群最宽处为 100 千米，最深处达 10 千米。在"水手谷"中心有三条大峡谷，形成了一个 600 千米宽的巨大缺口。科学家们认为：在几十亿年前，火星地壳由于表面张力过大引起分裂，形成了"水手谷"。40亿年前，"水手谷"可能还有水在流淌。

火星的伤疤——水手谷

　　火星有太阳系中最大的陨石坑——赫拉斯盆地，差不多和美国的加勒比海一样大。赫拉斯盆地半径约2 300千米、深约9千米，而地球上最大陨石坑的半径约为300千米。许多火星陨石坑周围的岩石是从陨石坑中溅出来的，因为当陨石撞击火星形成陨石坑时产生大量的热，这些热使火星地下的冰融化，湿润的泥土被溅出到陨石坑周围。

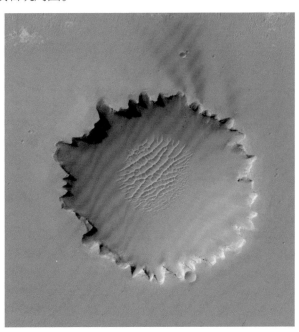

火星上的陨石坑

美国天文学家阿萨夫·霍尔发现了火星的2颗卫星，即火卫一和火卫二，分别命名为"福波斯"和"德莫斯"。他使用的是美国海军气象天文台中新建成不久的66厘米口径折射望远镜，这台望远镜是当时世界上口径最大的折射式望远镜。

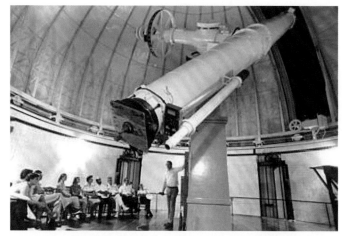

美国海军气象天文台66厘米口径的折射望远镜

火星的这两颗卫星并不像月亮那样圆，其形状很不规则，表面布满了陨石坑。火卫一比火卫二大。从目前的观察结果看，火卫一的轨道正在降低，而且逐渐地靠近火星。与火卫一不同，火卫二半径只有15千米，目前正慢慢远离火星。

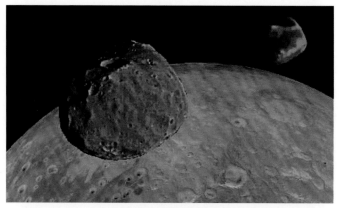

火卫一和火卫二

1924年，美国天文学家爱迪生·佩蒂特和瑟思·尼可尔森使用位于加州威尔逊山的胡克望远镜估测火星表面的温度，测得火星赤道处为7摄氏度，极点处为−68摄氏度，并得出风和温度按季节变化的结论。

移民火星不是梦

　　德国天文学家开普勒计算出了火星轨道的形状，并总结出了行星运动的三大定律。荷兰科学家惠更斯发现火星每 24 小时 40 分钟旋转一周，并在 1672 年发现了火星的极冠。

　　在前人的基础上，意大利天文学家安吉洛·西奇画出了火星的第一张有色地图。1879 年，意大利人夏帕雷利画出了更加详细的火星地图，包括细纹标记。

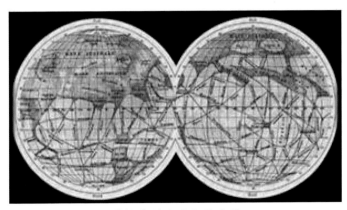

夏帕雷利画的火星地图

　　火星是太阳系中的第四颗行星，运行轨道位于地球和木星轨道之间，与太阳的平均距离是 2.28 亿千米。火星是一颗比地球冷得多的星球，表面的平均温度约为 –60 摄氏度。火星的外部包裹着一层粗厚的岩石外壳，外壳之下是炽热的地幔，地幔的温度极高，以至于其中的部分岩石都有可能熔化。地幔以下，也就是火星的中央，是一个巨大的金属核心。火星的核心主要由铁构成，当然也含有其他化学元素。

　　人们一直幻想火星上有人居住。1938 年 10 月 30 日，奥逊·威尔斯根据赫伯特·乔治·威尔斯的原作演出了广播剧《宇宙的战争》，并用一种新闻节目的风格，让一些听众相信火星入侵者正在接管地球。

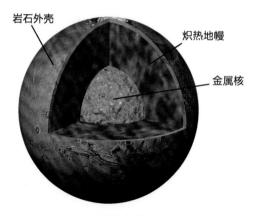

火星的结构组成

奥逊·威尔斯在 CBS 广播

1938 年，在威斯康星州耶基斯天文台工作的美国天文学家柯伊伯发现火星稀薄的大气层主要由二氧化碳组成。这个发现帮助人们推翻之前火星像地球的大

比比个

火星是太阳系八大行星之一，是太阳系由内往外数的第四颗行星，属于固体行星，直径约为地球的 53%，质量为地球的 11%。自转轴倾角、自转周期均与地球相近，公转一周约为地球公转时间的两倍。橘红色外表是地表的赤铁矿。

火星与地球的比较

众观点。

美国 SpaceX 公司创始人马斯克表示，随着科学技术的不断发展，人类的火星旅行并非难事，让人类成为多行星物种的梦想有望成为现实。他预言 2030 年人类将实现登陆火星，2060 年火星表面人口数量将达到 100 万，甚至最终地球人应当移居至火星。

然而，火星计划将引发一系列艰难而有趣的问题，例如：如何在火星发现充足的水资源，以维持人类日常生活以及农作物生长；火星极地冰盖存在大量水资源，哪种类型建筑适宜人类生活，保护人类免遭恶劣火星环境因素影响；如何利用火星土壤制造砖块建造房屋，或者原地安置一个塑料膨胀设备，像一个巨大的充气帐篷，用于人类生活居住；未来哪些人将成为首批火星探险者？太空爱好者、美国人、有钱人，谁将最早登陆火星表面呢？

2030 年人类可能首次登陆火星

传奇故事

探测器坟场

或许是由于火星鲜红的颜色，有时它被称为"红色行星"，并且以罗马战争之神 Mars 的名字命名。火星是激情、战斗和欲望的象征。直到 17 世纪，火星在运动和表面亮度上的变化一直让天文学家迷惑不止。

通常，一颗报废的卫星或报废的空间站，大部分会在重返大气层的过程中燃烧殆尽，但部分大的碎片会坠落地面。为了避免人员伤亡，这些航天器会在地面控制人员的操作下坠落到无人海域。这个地方，就是南太平洋附近以尼莫点为中心的海域。自 1971 年以来，这里已葬身超过 260 个航天器，被称为"航天器坟墓"。

有趣的是火星被称为"探测器坟场"也是名副其实。探索火星是人类的梦想，但火星历来是一个危险的目的地。50 多年来，世界各国先后向火星发射了 40 多个探测器，其中约一半的火星探测器都以失败告终。

罗马战争之神——Mars

俄罗斯"火星-96"探测器发射前照片

火箭发射故障是第一关。1996 年 11 月 16 日俄罗斯"火星-96"探测器因发射它的"质子号"运载火箭出现故障而未能踏上征程。2011 年 11 月 9 日，俄罗斯"火卫一-土壤"探测器升空后由于其变轨所用的主发动机无法点火，未能进入地火转移轨道，最终在 2012 年 1 月 15 日坠入地球。

通信联系是第二关。由于路途遥远，火星探测器对通信的要求极高，通信故障也是最常见的失败原因。1962 年 11 月 1 日，苏联发射了"火星 1 号"探测器。它在 1963 年 6 月 19 日飞越火星，但不久就失去了无线电联系。1989 年，苏联

"火卫1号"和"火卫2号"探测器都在前往火星的途中失踪。1992年9月25日美国发射了"火星观测者"轨道器，在1993年8月21日即将切入火星轨道之前失去通信联系，实在是可惜。

　　火星探测器在火星上的着陆又是一道鬼门关，许多火星着陆器都因此而功亏一篑。1999年9月23日，美国"火星气候轨道器"在即将进入预定轨道前烧毁，原定于同年12月3日在火星着陆的"火星极地着陆器"也下落不明。

"火星极地着陆器"下落不明

　　日本的火星探测器"希望号"由于其电路系统在2003年底受太阳风暴的影响而出现故障，未能切入火星轨道而告失败。

　　2003年12月，欧洲"猎兔犬2号"着陆器与"火星快车"轨道器分离后，准备在火星表面着陆时失踪了，其原因可能是"猎兔犬2号"在着陆过程中未及时打开降落伞而坠毁在火星表面。

　　虽然人类在探测火星的道路上磕磕绊绊，但是人们探测火星、探测深空的科学试验将永不停歇，挑战火星依然是人类并不遥远的美丽理想。

日本"希望号"火星探测器
没能进入火星轨道

第七章　木星

木星体积庞大，卓尔不群，早早就吸引了人类的目光。不负众望的木星也给人们提供了便利的观测条件，用最简单的望远镜就可以清楚地观测到木星，甚至可以看到环绕着它运行的四颗最大的卫星。木星表面上不断移动着的斑纹给其增加了不少魅力，美感十足，但也一直让天文学家感到困惑。航天时代到来后，木星探测器正在逐步揭开木星神秘的面纱。

木星名片

赤道直径	142 984 千米
质量（地球 =1）	318
赤道重力（地球 =1）	2.36
到太阳的距离（地球 =1）	5.20
自转轴的倾斜角度	3.1 度
自转周期	9.93 小时
轨道周期	11.86 年
云顶温度	−108 摄氏度
自然卫星	67+

地球使者

飞向木星的勘探利器

1972 年 3 月发射的"先驱者 10 号"是第一个访问木星的探测器，于 1973 年 12 月飞抵木星轨道。它飞临木星时，沿木星赤道平面从木星右侧绕过，在距木星云顶 132 250 千米处，拍摄了第一张木星照片。

"先驱者 11 号"于 1974 年 12 月接近木星，离木星云顶仅仅 42 900 千米处，拍下了高清晰度的木星照片。不仅如此，它还确认了木星的光环，收集了木星磁场、辐射带、温度、大气环境等数据，为科学家探测木星提供了诸多信息。

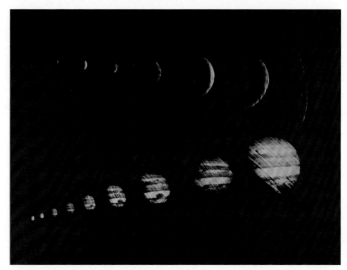

人类第一次利用航天探测器拍摄的木星照片，图中从左上到右上为"先驱者 10 号"接近木星时拍得照片，所以木星图片尺寸渐渐变大；图中从右下到左下为离开木星时拍得照片，所以木星图片尺寸渐渐变小

"尤利西斯号"是由美国航空航天局和欧洲航空航天局联合研制的一颗太阳探测器，并用希腊神话中智勇双全的奥德修斯的拉丁名字命名。"尤利西斯号"的主要任务是探测太阳，它的轨道与黄道平面几乎垂直。为了到达这样的一条轨道，"尤利西斯号"首先接近木星，而后借助木星的引力调整到太阳极轨上。它

由美国"发现号"航天飞机释放后，经过 16 个月的航行，于 1992 年 2 月到达木星轨道，探测了木星强大的磁场及辐射数据，并探测到了尘埃风暴。

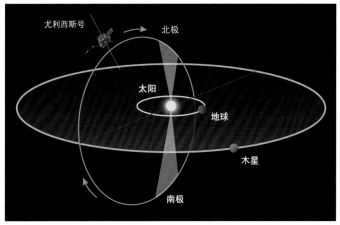

"尤利西斯号"的运行轨道平面正交于木星轨道平面，两个轨道之间有一个交点，使得它有机会探测木星

"卡西尼 – 惠更斯号"是由美国、欧洲和意大利联合研制的探测器，于 1997 年 10 月 15 日发射升空。2000 年 10 月 1 日至 2001 年 3 月 31 日期间，"卡西尼 – 惠更斯号"途经木星，此时"伽利略号"也在木星轨道上运行，两颗探测器获得的木星数据正好处于同一时间内，所获得的数据具有极大的参考比对价值。

"伽利略号"（左图）和"卡西尼 - 惠更斯号"（右图）抵达木星

"伽利略号"是美国航空航天局研制的木星探测器，1989 年 10 月 18 日升空，1995 年 12 月 8 日进入木星轨道。就在这之前的一天，它 6 个月前释放的木星探测器已经进入木星的云层中了。

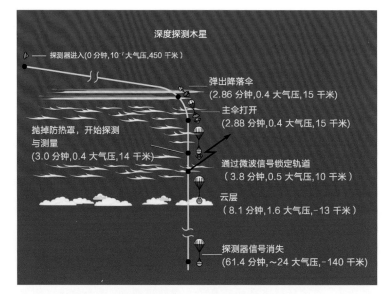

深度探测木星

探测器进入(0 分钟，10^{-7} 大气压，450 千米)

弹出降落伞
(2.86 分钟，0.4 大气压，15 千米)

主伞打开
(2.88 分钟，0.4 大气压，15 千米)

抛掉防热罩，开始探测
与测量
(3.0 分钟，0.4 大气压，14 千米)

通过微波信号锁定轨道
(3.8 分钟，0.5 大气压，10 千米)

云层
(8.1 分钟，1.6 大气压，-13 千米)

探测器信号消失
(61.4 分钟，~24 大气压，-140 千米)

进入木星深处的探测过程

深入到木星大气层内进行的探测

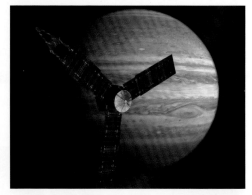

"朱诺号"探测器将环绕木星进行探测

　　"伽利略号"释放的木星探测器带有隔热保护装置，在高速坠入木星的过程中，不断发回木星云层中温度、风速、气压和组成等信息，最后探测器在炽热的大气环境中被熔化和蒸发而消失了。

　　美国的"朱诺号"是以罗马神话中朱庇特妻子的名字来命名的探测器，任务是帮助科学家了解木星起源和演化情况。它于 2011 年升空，2016 年进入木星轨道，在木星上空 5 000 千米的高度飞行，比以前的任何航天器都更接近木星。科学家通过它了解木星是否存在水，并探测木星的固体内核、内部构造、大气、极光和磁场等。

木星、大气和光环

木 星

木星是在太阳系中依次排序的第五颗行星，在椭圆轨道上绕太阳运行，与太阳的平均距离是7.79亿千米。它在近日点时同太阳的距离比在远日点时相差约7 480万千米。木星离太阳的距离大约是地球离太阳距离的5倍。

在夜晚，木星非常明亮，呈奶油色，闪耀着光芒，人们很容易发现它。在太阳系中，仅仅有三颗星球比木星明亮，分别是太阳、月亮和金星。

路途有多远

飞向木星需要多长时间，这取决于探测器的任务。按照任务的不同，可以采用两种不同的接近木星方式，一种是飞越木星，也就是擦边而过；另一种是进入木星轨道，围绕木星旋转。

飞向木星需要的时间

航天探测器	发射时间	到达木星时间	花费时间	到达方式
先驱10号	1972.3.3	1973.12.2	640 天	
先驱11号	1973.4.6	1974.12.4	606 天	
旅行者1号	1977.9.5	1979.3.5	546 天	
旅行者2号	1977.8.20	1979.7.9	688 天	飞越：大约 600 天
新视野号	2006.1.19	2007.2.28	11 363 天	
尤利西斯号	1990.10.6	1992.2.8	490 天	
卡西尼—惠更斯号	1997.10.15	2000.12.30	1172 天	
伽利略号	1989.10.18	1995.12.8	2242 天	
朱诺号	2011.8.5	2016.7.4	1795 天	围绕木星，大约2 000天
未来的木卫探测计划	2022	2030	8 年	

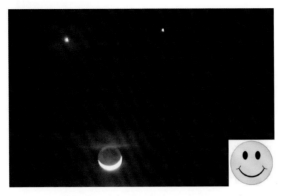

金星位于左上、木星位于右上、月亮位于下方。这张照片拍摄于 2008 年 12 月 1 日，是一个难得的情景，金星、木星和月亮组合，形成了一张笑脸夜空，下一次这样巧妙的组合将出现在 2054 年

1903 年，美国天文学家乔治·W·霍夫认为木星是由一层很厚的气体组成，这团气体在木星深处因为高压而转换成液态形式。这是人类第一次提出木星是一团巨大的气体而不是一个被稀薄大气包围的固体。后来天文学家经过观测证明，从星体结构上看，木星是一颗具有石质内核的气态行星，包括四个层面。

木星的中心是固态内核，其质量相当于地球质量的 10~15 倍，尽管内核温度达到 20 000~40 000K，但由于压力很高，仍然存在固态的放射性金属、岩石和冰晶体。

邻近内核的外层主要由液态金属氢组成。它不仅是木星质量和体积的主导者，还是木星磁场的创造者。这一层还含有一些氦和微量的冰。

再向外层则是分子氢和氦所构成的"超临界状态"层。在这里，氢和氦处于超临界流体状态，它们运动流畅，但不是气体。这里的超临界流体没有表面张力，并且可以像气体般在给定容积内自由扩散。

木星的最外层由液态氢和氦组成，而且越往中心方向深入，密度越大。

天文学家将木星的大气层从底向顶分为对流层、平流层、增温层和散逸层，每一层都有各自的温度梯度特征。最底层的对流层是云雾，呈现一种朦胧的美；最上层的氨云是可见的木星表面，组成了 12 道平行于赤道的带状云，并且被强大的带状气

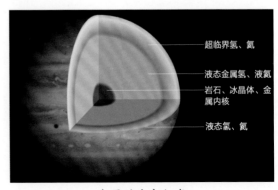

超临界氢、氦

液态金属氢、液氦

岩石、冰晶体、金属内核

液态氢、氦

木星的内部组成

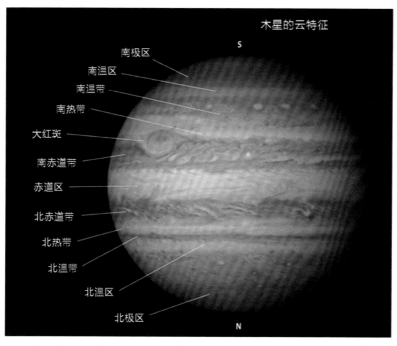

木星的云特征

S

南极区
南温区
南温带
南热带
大红斑
南赤道带
赤道区
北赤道带
北热带
北温带
北温区
北极区

N

木星云图，照片中亮的地方称为"区域"，暗的地方称为"带"

流分隔；这些交替的云气有着不同颜色，使得木星的表面呈现出深浅不一的条纹。其中，"暗的云气"称为"带"，而"亮的云气"称为"区"。"区"的温度比"带"低，"区"是上升的气流，而"带"是下降的气流。它们起始于南北极之

木星的大红斑

哈勃太空望远镜在2014年春天捕获的木星照片和在2016年捕获的木星紫外线观测极光

下的地区，每一条区和带都有自己专属的名称和独有的特征。

木星表面的大气层是"顽皮"的，可以制造不稳定的带状物、旋涡、风暴甚至闪电；旋涡自身会呈现巨大的红色、白色或棕色的斑点，大红斑是最大的斑点之一。

木星最明显的特征就是表面覆盖的厚厚云层所形成的多彩云层。多彩云层可能是由大气中化学成分的微妙差异及其作用造成的，其中可能混入了硫的混合物，造就了五彩缤纷的视觉效果，但是其详情仍无法知晓。这些云层就像是木星上的一条条绚丽的彩带。色彩的变化与云层的高度有关，最低处为蓝色，接着是棕色与白色，最高处为红色。

近距离观测木星，会在木星赤道南部发现一个巨大的红色卵形区域，被称为"大红斑"。科学家研究认为，大红斑是一个比地球还大的巨大旋涡风暴。

科学家在木星表面还发现了一处"大冷斑"。这块斑点温度很低，且位于大气上层。斑点长约 2.4 万千米，宽约 1.2 万千米，比周边温度低得多。不过与大红斑不同，大冷斑的形状和规模一直在变化，是由木星极光的能量生成的。

木星上的风暴速度是非常快的，沿木星赤道的地方则是风暴速度最快的地方，甚至可达到 650 千米 / 时。

木星上的暴风云图（左）和 1992—1998 年木星上巨大红点受风暴影响的变化（右）

木星因为自转很快，在大气中产生了与赤道平行且明暗交替的气流带纹，其中亮带纹区域中的气温相对较高，该处的云层和气体正在上升；而暗带纹区域中的气温相对较低，该处的云层和气体正在沉降。由于云层和气流的不断上升与沉降交替运动，形成了强烈的对流，进而导致如此强大的风暴。

大 气

木星的大气云层非常厚且浓密，主要由氢和氦两种元素构成，这两种元素的比例类似于其在太阳中的比例。除此之外，木星大气层还含有少量的甲烷、氨、硫化氢和水。

深空探测器发现木星的云顶类似于固体表面，但是人们无法站立在木星表面上。虽然木星表面有一层厚而浓密的大气层，但并没有厚到可以支撑人在上面站立。

木星离太阳的距离比地球远得多，接受的太阳辐射能量也少得多，表面温度理所当然要低得多。根据测算，木星表面的温度比地球低大约 89 摄氏度。

木星向外辐射能量比从太阳吸收到的要多。木星内部很热，它的内核处的温度可能高达 20 000 摄氏度。虽然木星的内部热量使得木星表面的气流变暖并上升，但这些气流在上升的过程中逐渐冷却，进而产生了飓风和风暴，一些风暴会持续上百年。

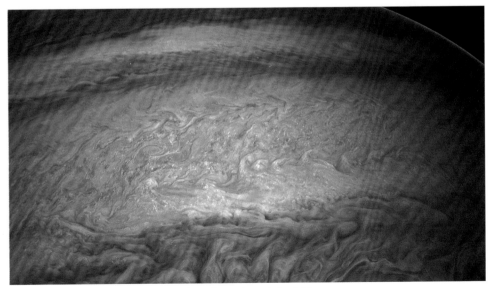

木星表面的飓风和风暴

木星上的天气是多变的。通过分别拍摄于 2009 年 6 月和 2010 年 5 月的木星照片，可以发现木星南极赤道表面的云带逐渐消失了。天文学家认为这个发光的南赤道带是由于大气的变化而消失的。

通过观察发现，随着南极赤道带的消失，木星上的大红斑开始靠近北极带。另外，天文学家认为木星的大红斑是已经持续 300 多年的强大风暴，覆盖的面积比地球的 2 倍还要大，但是目前似乎正在萎缩。2008 年以来，随着南极带消失，其他小红斑的变化似乎也缓慢了。

左图是 2009 年 6 月拍照，右图是 2010 年 5 月拍照

光 环

以前天文学家并不知道木星周围的光环，直到 1979 年 3 月"旅行者 1 号"探测器穿越木星赤道平面时，才发现木星和土星一样也拥有光环。4 个月之后，"旅行者 2 号"探测器飞临木星证实了这一结论。

经过努力研究发现，木星实际上有四种弥散透明的光环。其中，最亮的那个称为主环，稍弱的称为光环，两个最弱的称为薄纱光环。在亮度上，这些环都比土星环微弱。天文学家认为，木星的这些光环应该是由木星的卫星和附近的小流星之间碰撞出的尘埃和碎石形成的。

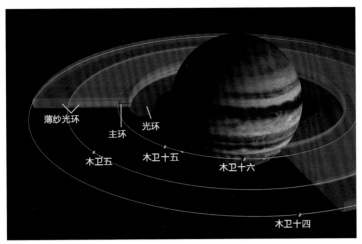

木星的光环及其内部的卫星

木星的邻居是小行星。小行星是亿万年前太阳系形成初期遗留下来的不规则形状的天体。科学家们估计木星轨道附近的小行星数目应该达到数百万。最早发现的"谷神星""智神星""婚神星"和"灶神星"是小行星中最大的四颗，被称为"四大金刚"。

多数小行星由金属或岩石材料组成，或者由含丰富碳的矿物质组成。类似于太阳系中的行星，小行星也是围绕太阳旋转的，但是它们不具备行星的其他特征。

小行星的直径尺寸从965千米到6米不等，一些尺寸较大的小行星周围还拥有自己的卫星。

"伽利略号"于1993年拍摄的小行星 Ida 和它的卫星 Dactyl

小太阳系的秘密

木星大约是 46 亿年前形成的，比太阳形成的晚。现在科学家没有任何木星样品，甚至没有来自木星的陨石。人类如何获取木星的信息呢？天文学家期待着航天器继续探测木星，帮助解开木星更多的秘密。

按照太阳系形成的理论，在太阳形成初期，由于宇宙里的冰块、尘埃粒子的旋转和塌陷，进而扎堆形成越来越大的碎片；其中的一些碎片继续组合，形成了木星及其他行星；还有一些更小的碎片独立存在，形成了围绕太阳旋转的陨石。离太阳近的行星，因为比较热，一般由岩石和金属组成；离太阳远的行星，因为比较冷，一般是由气体、冰块及岩石组成。

最新研究发现，由于太阳风的作用，很多气体和尘埃进入外层太阳系，在木星和土星的引力作用下，逐步形成了木星和土星周围厚厚的气体。

木星还保留着太阳系早期的秘密

第七章　木星

比比个

木星的体积巨大，是太阳系中最大的一颗行星。其形状是一个扁球体，赤道直径约为 142 800 千米，是地球的 11.2 倍。

如果把木星看作是一个空心球，它能够盛 1300 个地球

木星也是太阳系中质量最大的一颗行星，是太阳系其他七大行星质量总和的 2.5 倍还多。

就木星未来的演变趋势来看，其很可能成为太阳系中与太阳分庭抗礼的第二颗恒星。尽管木星是行星中最大的，但跟太阳比起来又小巫见大巫，其质量只有太阳的千分之一。事实上，科学家认为假如木星的质量能够再增大 100 倍，那么它很有希望成为一颗恒星。据研究，30 亿年以后，太阳就到了它的晚年，木星很可能会取而代之。

木星与其他行星的比较

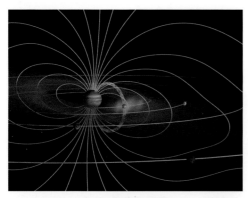

木星周围的磁场

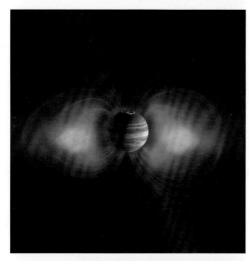

木星磁场中的范艾伦射线带

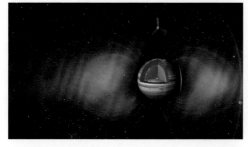

"朱诺"探测器飞越木星的范艾伦射线带

美国的肯尼思·富兰克林和伯纳德·伯克发现了来自于木星的无线电波脉冲，也称为同步辐射。这种类型的辐射是由高速电子在磁场中自旋发出的。这一发现表明木星存在磁层。在太阳系中，仅仅有六个行星有磁场，分别是水星、地球、木星、土星、天王星和海王星。在这六个行星中，木星的磁场是最大和最强的，其赤道附近的磁感应强度为 0.000 4 特斯拉，比地球磁场大十倍。木星的磁气圈也大得惊人，范围甚至超过了木星的环系，半径约为 640 万千米，可以装数千个太阳。

类似于地球的磁气圈，太阳风作用在木星的磁气圈上，也会将木星的磁气圈吹出一个长长的尾巴。由于木星的磁气圈范围很大，所以形成了很长的尾巴，大约为 6 000 万千米，甚至超过了土星运行的轨道。

木星的强大磁场是由木星内部液态金属氢的对流运动（速度为 1 厘米/秒）而产生的，同时将木星自身产生的热量带走。木星磁场强度比地球磁场强度大 20 000 倍，所以在木星附近也有类似于地球的范艾伦射线带，其高能电粒子束与地球比较，

也有很多共同特征。但不同于地球，如低频的无线电波可能来自于木卫一和木

卫二。

范艾伦辐射带是指在地球近地空间中存在一个包围着地球的高能电子辐射带。这个高能电子辐射带是由美国物理学家范·艾伦最先发现的，并以他的名字命名。目前人类对于木星的范·艾伦带了解甚少，只有"伽利略号"航天器环绕着木星的大气层进行了 8 年多的探测，并发射自身携带的探测器进入木星的内部进行探测，测量到了关于木星内部磁场的电子辐射运动信息。

1994 年，一颗名为"苏梅克－列维 9 号"的彗星断裂成了 21 个碎块；其中最大的一块宽约 4 千米，并以 60 千米/秒的速度向木星撞去。

据天文学家们推测，这颗彗星环绕木星运行了大概有一个多世纪了，但由于它距离地球太遥远，亮度又太小，人们一直没有发现它。它真正的家是在柯伊伯带。由于过往星体产生的引力摄动的原因，不时有一些彗星脱离柯伊伯带。"苏梅克－列维 9 号"彗星就是被木星引进来的一位"不速之客"。

这次彗木相撞的撞击点正好在面向地球的背面，在地球上无法直接看到。但由于木星的自转周期为 9 小时 56 分，撞击点可以随着木星的快速自转运行到面向地球的位置，所以人们每隔 20 分钟左右就能看到撞击后出现的蘑菇状烟云。

木星与"苏梅克-列维 9 号"相撞

木星有四颗比较大的卫星，用普通望远镜在地面上就可以观察到它们。1610 年，意大利天文学家伽利略使用自制的望远镜观测木星，随后发现了木星的 4 颗卫星，不久后被分别命名为木卫一、木卫二、木卫三和木卫四。这四颗卫星后来被称为伽利略卫星。木卫一的直径约为 3 643 千米，是伽利略卫星中最靠近木星的卫星。

与太阳系中其他星体相比，木卫一的火山活动最为频繁。木卫二表面有一个薄薄的冰外壳，它的直径是 3 122 千米。木卫三是目前已知太阳系中最大的卫星，它的直径是 5 262 千米。木卫四是伽利略卫星中距离木星最远的卫星，它的直径是 4 821 千米。它的表面十分古老，而且都是环形山，就像月球和火星上的高原。

　　木星有 16 颗直径至少为 10 千米的自然卫星。此外，木星还拥有许多小卫星。木星卫星种类很多，其中一些还有大气层。这些卫星都有自己的特点，大小、颜色和密度都不一样。在最新的一次统计中，木星拥有的自然卫星总数累计达 66 颗，成为太阳系中拥有最多自然卫星的行星，而且天文学家仍在寻找更多的木星卫星。由于木星拥有的卫星不仅数量多，而且类型各异，天文学家有时会认为木星连同它拥有的卫星就是一个名副其实的小太阳系。

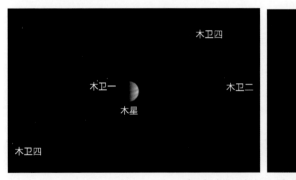

木星的伽利略卫星群

　　木星、土星、天王星和海王星统统称为类木行星。它们的共同特点是：主要由氢、氦、冰、甲烷、氨等构成，而石质和铁质的成分只占极小的比例；质量和半径均远大于地球，但密度却较低。

　　类木行星有三个特征，一是具有行星环的结构；二是星体的密度较低，例如，土星的密度甚至比水还要低；三是具有比较多的卫星，有些卫星周围还有一圈圈光环，其中木星具有的卫星最多，因为木星的引力最大。

太阳系中的类木行星

伽利略

伽利略（1564-1642），意大利数学家、物理学家、天文学家，科学革命的先驱。伽利略发明了摆针和温度计，在科学上为人类做出了巨大贡献，是近代实验科学的奠基人之一。他用望远镜研究木星时，观测到木星附近存在着四颗亮度微弱的"星星"，这四颗星星后来被证明是木星的卫星。这一发现，反驳了托勒密的地心体系，有力地支持了哥白尼的日心学说

意大利天文学家伽利略·伽利莱

他让一个铜球从阻力很小的斜面上滚下，通过实验证明了小球的运动是匀变速直线运动，第一次提出了惯性概念和加速度的概念，为牛顿力学理论体系的建立奠定了基础。

从工程师到科学家

伽利略25岁时就当上了一个大学的数学教授，他的个人优势是设计和制造仪器。他完成了一个"军用罗盘设计"大项目，可以有效提高火炮射击精度，因此成为一流工程师。在16世纪期间，工程师不如科学家地位高，所以他有成为科学家的梦想。可是那时的人们往往认为科学家是不食人间烟火的，只争论那些看不见摸不着的问题，比如宇宙中心在哪里，人和上帝的关系等等。伽利略的那些实用仪器和这些大问题不沾边。

不久，伽利略又有了一项新的发明，就是经他改进的伽利略望远镜。这当然又是一个世界尖端的军事技术，能让你在敌人看不见你的时候就能看见敌人。具有创新头脑的伽利略为了实现成为科学家的目标，把望远镜指向天空，希望用此来解决一些自然科学的问题。

当时，人类争论不休的一个最大问题就是到底地球是宇宙唯一中心，还是地球和其他行星一起围着太阳转。没想到六个月后的1610年，伽利略就有了重大发现，他发现木星周围有四颗明亮的物体。经过以后几天的连续观察，他终于发现这是围着木星转的四个"月亮"。这个发现使他立刻成了自然科学领域的明星。在那个科学家只能争论却没有答案的领域，他用观察的方法明确地指出，不管你相信哪种理论，宇宙的中心不止

罗马上帝朱庇特（即木星）

一个，因为至少木星是它那些卫星的中心。

可是即使有了这么重要的发现，要当上自然科学家还必须有个王公贵族作为赞助人。伽利略就去请求当时意大利中部的国王。可是国王并不需要学者，而是需要一个能够富国强兵的工程师，所以伽利略碰壁了。

伽利略开始挖掘自己的情商了。1610年3月，伽利略在发表木星卫星的书里，不仅描述他发现了木星的四颗卫星，而且把这些星体以国王名字命名，在当时所有的贵族中引起了轰动，原来科学发现还有为国争光的作用，由此伽利略顺利获得了自然科学家的头衔。

古代天文学家对木星并不陌生，因为用肉眼就可以非常容易地看到它。或许他们并不知道木星究竟长什么样子，但是至少木星划过夜空时他们可以追踪到。

木星巨大又明亮，古代的天文学家便用威望最高的罗马上帝的名字朱庇特命名它。在罗马宗教中，朱庇特是掌管天界的神，以雷电作为武器，拥有着天地间呼风唤雨的力量。他就是宇宙中的诸神之神，相当于古希腊众神之王——宙斯。

谈到宙斯，还有一段神话，也被人们称为木星的神话。宙斯拥有众多情人，并与其中的多位情人生下众多子孙，如阿波罗、雅典娜、时序女神、缪斯女神等。相应的，经发现的木星卫星已有66颗，其中从木卫一到木卫五十都已经正式命名，而这些名字都是来自于宙斯的情人或者女儿的名字。这也非常符合satellite（卫星）一词的含义，因为satellite即有追随者的意思。

伽利略教国王如何使用望远镜

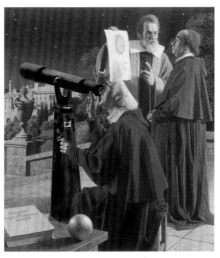

伽利略用望远镜观测木星

第八章　土星

土星堪称太阳系中最漂亮的行星，特别是冲日之前，土星的漂亮更是无与伦比。自伽利略于 1610 年发现土星以来，人们一直希望飞到这颗漂亮的星球上去大饱眼福。无奈路途遥远，非人力可及，直到 1979 年，终于有一颗探测器飞抵土星，总算可以近距离打量一番这颗美丽的星球了。

土星名片

赤道直径	120 536 千米
质量（地球 =1）	95.2
赤道重力（地球 =1）	1.02
到太阳的平均距离（地球 =1）	9.58
自转轴倾斜角度	26.7 度
自转周期	0.44 天
轨道周期	29.46 天
云顶温度	-140 摄氏度
自然卫星	62+

走过路过不错过

"先驱者11号"拍摄的土星和土卫六（泰坦）

"先驱者11号"于1973年发射，首先飞越木星，然后利用木星引力进行变轨，飞向土星，并于1979年9月1日抵达土星。在距离土星表面22 000千米的高度，首次拍摄了清晰的土星照片，同时还发现了人类未知的土星环。这是人类飞抵土星的第一个探测器。

"旅行者1号"于1980年11月12日飞掠土星，在距离土星124 000千米的高度，拍摄了一大堆土星照片并发回地面。它还经过了土卫六，发回了一些迷人的土星环图像，然后离开土星，朝天王星方向飞去。"旅行者1号"离开土星后不久，1981年8月26日，"旅行者2号"也来到了土星。"旅行者2号"从"海拔"高达100 800千米处观察了土星，还飞越了土星的卫星土卫二、土卫三、土卫七、土卫八，土卫九等等。之后，"旅行者2号"又借助土星的引力提升了自己的轨道，踏上了去往天王星和海王星的漫漫征程。

这两次"路过"土星的探测器给科学家提供了大量的科研资料。为了深入研究土星，美国航空航天局又研制了"卡西尼/惠更斯号"。"卡西尼号"于2004年抵达并进入了土星轨道。作为其

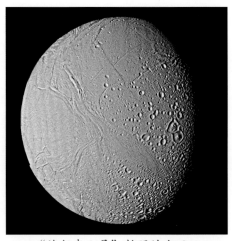

"旅行者2号"拍照的土卫二

路途有多远

飞向土星需要多长时间？这个问题有几个答案。不同的飞行方式，将花费不同的时间。

飞向土星需要的时间

航天探测器	发射时间	到达土星时间	花费时间	到达方式
先驱者 11 号	1973.4.6	1979.9.1	72.5 个月	飞越
旅行者 1 号	1977.9.5	1980.11.12	38 个月	
旅行者 2 号	1977.8.20	1981.8.26	48 个月	
卡西尼号	1997.10.3	2004.7.1	81 个月	入轨

为什么飞行时间有如此巨大的差距？主要有三个因素。第一个因素是航天器是直接发射到土星，还是将航天器发射到其他天体，然后利用其他天体的引力弹弓转到土星。第二个因素是推动航天器的发动机类型。第三个因素是减速时间。如果一个航天器只是简单地飞越土星，那就仅仅需要放慢速度，但是如果它是进入土星轨道，则需要更长的时间来减速。

"卡西尼号"进入土星轨道

"先驱者 11 号"和"卡西尼号"在进入土星之前，利用了不同行星的引力影响而接近土星。显然飞越其他行星，会增加它们到达土星的路程，进而增加飞行时间。"旅行者 1 号"和"旅行者 2 号"没有太多地绕飞太阳系，少走了很多弯路，很快就接近土星。"新视野号"与这几个探测器不同，具有更快、更先进的推进引擎，并且是在沿着土星而进入冥王星的轨道上发射的。"新视野号"仅仅用了两年多的时间就到达土星，但科学家还是希望设计更好的引擎和更有效的飞行模式来缩短飞行时间。

任务的一部分，"卡西尼号"携带了专门探测土卫六的"惠更斯号"探测器。目前，"卡西尼号"已经完成了其主要任务，还将继续研究土星及其卫星。"卡西尼号"发现了非常多的土星奥秘，例如土卫二的喷泉、土卫六的海洋和海洋上的碳氢化合物，还发现了土星附近的新卫星和新土星环。

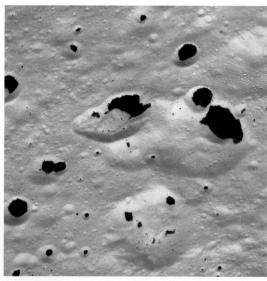

"惠更斯探测器"拍摄的土卫六表面（左）和土卫八上消失的冰（右图中黑色部分）

"卡西尼/惠更斯号"飞行器（左）和"惠更斯探测器"（右）

太阳系中的"宝石"

在太阳系的行星中，土星的光环最惹人注目。土星光环使它看上去就像戴着一顶漂亮的大帽子。很多天文学家认为土星是太阳系最漂亮的行星。事实上，土星还有一个雅号，人们还称它为"太阳系中的宝石"。

土星是扁球形的，赤道半径与两极半径之差大约等于地球半径，可见其有多大。土星质量是地球质量的 95.18 倍，体积则是地球体积的 750 多倍。土星体积庞大，密度却很小，每立方厘米只有 0.7 克，比水的密度都小。

土星是一颗由大量气体和液体组成的行星，没有固体表面，但中心有一个固体核。土星的固体核是由岩石和冰混合组成的，也有些天文学家认为它是由熔化的岩石和金属组成的。土星从里到外分为三层，最中心的固体核由液态层包围着，液态层由气态层包围着。

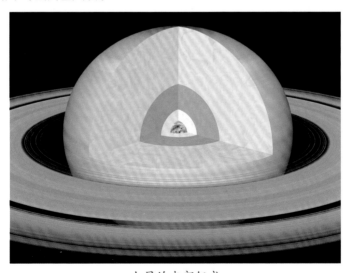

土星的内部组成

土星是以椭圆轨道绕太阳运行的，与太阳的最近距离大约为 13.5 亿千米，平均距离是 14 亿千米。

土星冲日是指土星、地球、太阳三者依次排成一条直线。冲日时土星距离地球最近，也最明亮。土星绕太阳旋转一圈即土星的一年，是 29.5 地球年，每隔 378 天会出现一次土星冲日现象。

土星的自转非常快。土星绕其自转轴旋转一周仅需 10 小时 39 分钟。太阳系的行星绕其自转轴旋转得越快，赤道膨胀得越大，所以土星赤道的膨胀比地球赤道的膨胀要大许多。

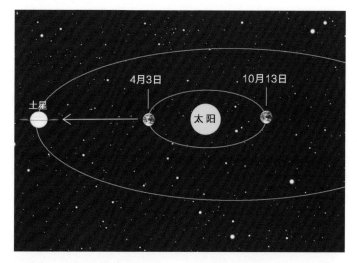

2011 年 4 月 3 日土星冲日现象

土星大气以氢气和氦气为主，还有少量甲烷和其他气体。不过，土星的大气层中飘浮着由稠密的氨晶体组成的云。用望远镜观测可发现，这些云呈相互平行的条纹状，以金黄色为主，其余是橘黄色和淡黄色。土星的大气层是不透明的，大气的深处是液态的，目前还没有研究清楚土星大气气体和液态的界面在哪里。

2005 年，美国航空航天局研制的"卡西尼号"探测器接近土星的北极区域，发现土星北极区域的天空呈蓝色，类似于地球。"卡西尼号"探测器还发现土星大气的"蓝云"和"黄云"轮流交换，但不知道这种轮流交换的原因。

如果通过天文望远镜观察，人们可以看到土星表面有一些明暗交替的平行于其赤道面的色带，色带有时会出现亮斑或暗斑。与它的邻居木星比较，土星的环好像是色带，即在土星云的顶端，有一个色带。色带的颜色与高度有关，在高端呈现亮黄色，在低端呈现暗黄色。

"卡西尼号"发回来的土星北极照片

"旅行者 2 号"拍摄的土星环

从地面观测,人们发现土星有五个环,即 A、B、C 三个主环和 D、E 两个暗环。1979 年 9 月,"先驱者 11 号"又探测到两个新环,即 F 环和 G 环。从最外层的 G 环看,它的直径相当于地球和月亮之间的距离,大约为 384 000 千米。实际上,土星的环系已经扩展很远,目前的技术手段难以观察到的它的外层边缘。

如果用望远镜观察土星光环,有时会发现土星光环失踪了。在 17 世纪,意大利科学家伽利略就已经发现了这个问题。

384 000千米

地球和月亮之间的距离相当于土星的环系的直径

伽利略是最早用望远镜观察到土星附近物体的人,但他不清楚土星附近的

物质是什么,他认为可能是"土星的卫星"。一天晚上,他突然发现"土星的卫星"消失了,并记录了这一现象,但没有解释这一现象。今天,科学家认为伽利略当时看到的是土星光环的两端,土星光环与土星赤道面是平行的,站在地球上能看到土星光环朝向阳光的一面;当土星运行到不同的位置时,我们的视线与土星光环平面所构成的角度是不同的,每隔14年,土星光环的正侧面朝向地球一次,这时只能看见光环的边缘。土星光环虽然很宽,但它的最大厚度却只有十几千米。土星离地球十分遥远,利用最好的天文望远镜,也看不清楚土星光环的边缘。所以,土星光环的消失,是从不同角度观察所造成的。

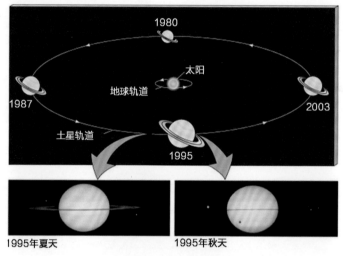

土星的光环的消失现象

地球只有一颗天然卫星。然而,土星已经发现了至少56颗卫星,还有至少几十亿颗直径100米左右的微小卫星。这些微小卫星运行在土星的光环轨道上。

在土星的卫星中,土卫二是较大的,直径大约为5 150千米,比月亮大得多。

土卫六由荷兰天文学家惠更斯于1655年3月25日发现,是最大的土星卫星;在太阳系中,土卫六是第二大的卫星,木星的卫星Ganymede是最大的卫星。土卫六的体积比冥王星和水星的体积大得多。土卫六是太阳系最亮的星体,因为它的表面是冰,几乎将接受的光线全部反射出去。2005年,美国航空航天局的"卡西尼号"探测器发现土卫六周围有稀薄的大气层。事实上,只有土卫二和土卫六是土星卫星中具有大气层的卫星。不同于太阳系中其他的卫星,土卫六具有较厚的和稠密的大气层，比地球的大气层还要稠密。从地球上看，土卫六好像被烟雾遮盖着，呈现朦胧的淡红色。这些朦胧的烟雾由氮和甲烷组成。科学家认为土卫六的大气层类似于几十亿年前地球的大气层。

2005 年"卡西尼号"探测器拍摄的被冰覆盖的土卫二

具有稠密大气层的土卫六

2005 年，美国"卡西尼号"携带的"惠更斯号"探测器着陆土卫六，人类第一次探测到了它不寻常的表面。惠更斯探测器发现它是一个喧闹的地方，这种喧闹的噪声可能是土卫六上的强风所致。

地球（左）、土卫六（中）和月亮（右）的比较

比水还 "轻" 的星球

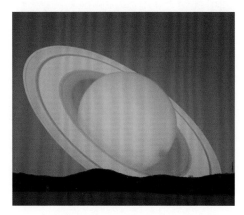

人们想象的在近距离看土星的情景

与其他行星相比，土星有一个漂亮的环。尽管木星、天王星和海王星都有自己的环系，但它们的都不如土星的清晰。喜欢观看夜空的天文爱好者，仅仅用一个小小的玩具望远镜就可以看见土星的环系。土星的密度比水还低，如果放在足够大的海洋里，土星将会处于漂浮状态。

土星上没有氧气，温度很低，即使夏季也非常寒冷，不可能存在任何生命。土卫六上面的大气层环境类似于地球，也许可以支持生命存在。土卫六的环境适合复杂的有机分子存在，或许存在一些有机生命体，但目前还没有得到证明。

土卫二也有可能支持生命存在。2006 年，"卡西尼号" 探测器发现在土卫二上存在液态水。

"卡西尼号" 发现土卫二上有水蒸气喷射

目前，科学家的目光多集中在土卫二上。它是一颗被冰覆盖的卫星，"卡西尼号"在 2014 年发现有大量水汽和挥发物从土卫二南极附近的冰火山喷发。2015 年，美国航空航天局确认土卫二表面冰层下拥有遍布全球的地下海洋，且海洋底部有热泉，是天体生物学中极为重要的研究对象，也是寻找地外生物的最佳地点之一。

类似于木星和地球，土星有磁场。土星的磁场强度比地球磁场强度大 600 多倍，但比木星的磁场强度弱 30 倍。天文学家一直不知道土星上有巨大的磁场，直到 1979 年"先驱者 11 号"经过土星时才发现。在土星上，位于土星地幔或土星核的液态金属氢的旋转产生电流，电流又产生巨大的磁气圈。土星整个磁气圈具有不同的磁场强度，由于太阳风的作用，将会发生许多自然现象，如极光。极光是由于太阳辐射的粒子流，在土星的磁场环境作用下产生的。类似于地球，在土星的南北极也会产生极光，但是不同于地球，这些极光用肉眼不能观察到，因为土星极光放射出的是紫外线。

比比个

地球的直径是 12 756 千米，只有土星的约十分之一。土星内可以容纳 755 颗地球。但与太阳相比，土星很小，太阳的直径是 14 亿千米，沿太阳的直径可以摆放 10 颗土星。

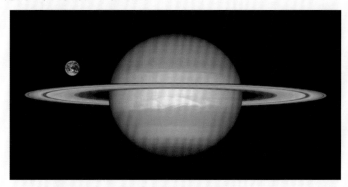

土星与地球的比较

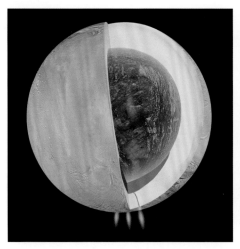

"卡西尼号"探测器和深空网络的引力测量表明：土卫二的南极的水蒸汽滔滔不绝。科学家怀疑冰壳之下有一个大型海洋，海洋底部存在热液活动，而且温度至少可达 90 摄氏度

哈勃望远镜拍摄的土星南极北极的极光照片

传奇故事

有趣的土星命名

在中国，土星是古代人按照五行学说即木青、金白、火赤、水黑、土黄，再结合肉眼观测到的土星的颜色（黄色）来命名的。

在国外，土星的名称来自神话传说，采用罗马神话中的农业之神的名字，即 Saturns。在罗马神话中，农神 Saturns（土星的英文名字）是 Jupiter（木星的英文名字）的父亲。在遥远的过去，Saturns 统治的时期是昌盛时期，人们的生活非常幸福和快乐。星期六这个词，即 Saturday，也是来自于此。土星的天文学符号是农神 Saturns 的镰刀，代表着罗马上帝的收获。

罗马农业神（名为 Saturns）土星

发现达人

罗狄斯·托勒密

　　托勒密，生于埃及，父母都是希腊人。他是古希腊天文学家，建立了著名的"地心说"模型。公元127年，托勒密被送到亚历山大城学习，此后他开始阅读与天文相关的书籍，并且学会了天文测量和大地测量。他认为土星是一个水晶球，是围绕地球旋转的五颗已知行星中速度最慢的一颗行星。

托勒密在观测土星

第九章 天王星

自 1986 年 1 月"旅行者 2 号"近距离掠过天王星以来，人类已有 30 年没有造访这颗太阳系中遥远的行星了，现有的天王星的高清图像都是在那次飞掠时拍摄的。但是，人类探测这颗遥远星球的愿望并没有消退，2015 年美国又提出了未来 20 年内绕飞天王星的宏伟计划。

天王星名片

赤道直径	51 118 千米
质量（地球 =1）	14.5
赤道重力（地球 =1）	0.89
到太阳的距离（地球 =1）	19.2
自转轴的倾斜角度	82.2 度
自转周期	17.2 小时
轨道周期	84.3 天
云顶温度	−197 摄氏度
自然卫星	27

飞掠而过匆匆看

　　截至目前，只有"旅行者2号"探测器访问过遥远的天王星，并发回了大量信息。1964年，美国航空航天局计划发射"旅行者2号"探测器去访问木星和土星。1986年1月24日，"旅行者2号"距离天王星云顶的最近距离大约为81 500千米。

　　"旅行者2号"拍摄了数千张天王星照片，并取得了大量关于天王星卫星、光环、大气、内部结构和组成、包围天王星的磁场等方面的科学数据。

　　"旅行者2号"拍摄的照片显示出天王星的复杂地形表面，发现这里曾经发生过频繁的地质变迁。"旅行者2号"还新发现了十颗天王星的卫星和两条光环。"旅行者2号"证明了天王星自转一周的时间是17小时14分钟。

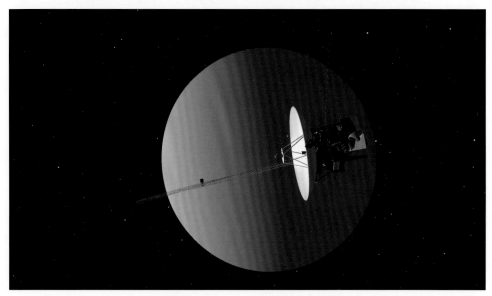

"旅行者2号"正在探测天王星

特别星球

天王星的真面目

科学家认为，天王星像外层太阳系空间的其他行星一样，是一颗由气体组成的星球。实际上，天王星是一颗巨大的气体和液体球，没有固体的外壳，所以人们不能在天王星上驻留行走。

天王星包括三个层面：中心是熔岩的核，其尺寸与地球一样大，温度为 7 000 摄氏度；中间层是液体的海洋，由水、氨和其他挥发性物质组成；最外层是氢气和氦气组成的外壳，外层的顶部由蓝绿色的甲烷晶体组成。

天王星上的冰不是我们平时看

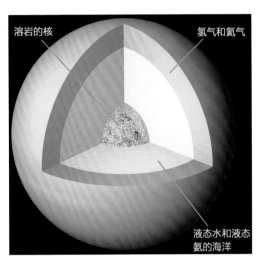

天王星的内部结构

路途有多远

2016 年 1 月，美国航空航天局庆祝"旅行者 2 号"成功抵达天王星 30 周年。美国航空航天局还打算在"卡西尼号"完成土星探测后，派它飞往天王星。但从一个行星到另一个行星通常需要十年左右，美国航空航天局直到 2017 年还没有做出最后决定。

飞向天王星需要的时间

航天探测器	发射时间	到达天王星时间	花费时间	到达方式
旅行者 2 号	1977.8.20	1986.1.24	9.5 年	飞越

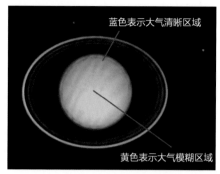

蓝色表示大气清晰区域

黄色表示大气模糊区域

天王星的大气环境

到的冰。地球上的冰是由水转变而来，而天王星上的冰是由甲烷组成。随着温度的变化，甲烷也像水一样可以在气态、液态和固态之间转化。天王星表面辐射到空间里的热量几乎等于太阳给它的热量。

天王星是一颗表面光滑的蓝绿色星球。它之所以光滑，是因为它表面被一层很厚的、朦胧的烟雾覆盖，就像汽车放出的尾气一样。当然，天王星上没有汽车，这层烟雾是由天王星大气层中的乙烷引起的。

天王星被大气包围着。大气的主要成分是氢气（大约占83%）和氦气（占15%），其余的是甲烷和乙烷。像其他气态行星一样，天王星也有带状的云围绕着它飘移。

在大气层下面，有一层甲烷云，呈现蓝色。天王星大气层的强风会吹动这些甲烷云围绕整个星球转，形成一种条形图案。但由于引力的作用，这种条形甲烷云不会进入大气层。

最近，哈勃太空望远镜发回了近百张天王星照片。从这些照片可以看出，天王星的甲烷云由冰状的甲烷晶体组成。在大气层底部，甲烷晶体有时会形成甲烷（暖和）气泡。

天王星的温度非常低。它的云顶表面温度大约是 –275 摄氏度，但云的内部却很热。令人惊奇的是，被照射的一侧云顶气温与黑暗的一侧的云顶气温几乎一致。

由于上下的温度差别极大，天王星表面经常会产生很强的风暴。风暴的速度大约是 720 千米 / 时。有时风暴在天王星表面形成旋涡，这种旋涡在其他行星上是不存在的。

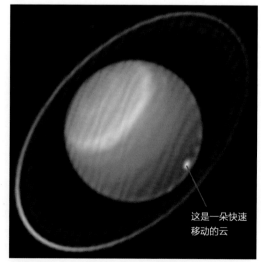

这是一朵快速移动的云

天王星上移动的云

　　引起天王星天气变化的原因很多，如天王星的自转轴倾角非常大，太阳有时直射南极和北极，但很少直射赤道。在春分的时候，天王星自转轴几乎垂直于太阳光照方向，致使天王星的大气温差引发大范围的气流流动。

　　天王星离太阳较远，绕太阳转一圈需要很长时间。它的一年相当于地球的84年。但是天王星一天却只有17小时14分钟，因此它的自转速度很快。

　　太阳系里的差不多所有行星都是以椭圆轨道绕太阳转动，但是天王星却是绕着太阳滚动。

　　通常，行星的自转轴可以想象为从上向下穿过星球的一个竖轴，类似于一支铅笔穿过一个黏土球，轴的上端是北极，下端是南极。大部分行星的轴都稍微有点倾斜，不是直接从上到下穿过。但是，天王星的轴却是"躺"着的，当它绕太阳旋转时，也绕它的轴滚动。

　　天王星的春夏秋冬非常奇怪。一般行星自转轴的倾斜度决定了它的季节。地球的倾斜轴使得它在前半年里北半球得到的太阳能较多，而后半年里南半球得到的较多，所以北半球是夏天时，南半球就是冬天。地球的赤道可以看成一条直线，一年所有时间所得到的太阳热量是相同的。但是在天王星上，太阳轮流照射着北极、赤道、南极、赤道。因此，天王星上大部分地区的每一昼和每一夜，都要持续42年才能变换一次。太阳照到哪一极，哪一极就是夏季，太阳总不下落，没有黑夜；而背对着太阳的那一极，正处在漫长黑夜所笼罩的寒冷冬季之中。整个冬季要度过长达21个地球年的漫长黑夜。只有在天王星赤道至南北纬8度之间，才有因自转轴引起的昼夜变化。从地球上很难看到天王星，因为它实在太远了。尽管20世纪人类已经发明了望远镜，天文学家对天王星有了一定的了解，但还有很多问题有待进一步探索和研究。

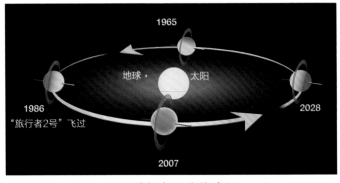

天王星绕太阳旋转过程

天王星与其他7颗行星不同，自转轴相对于太阳系的黄道面倾斜度很大，约为98°。科学家认为造成这种现象的原因是：在数十亿年前，一个巨大的行星撞击了天王星，该行星主要由冰组成，体积跟地球差不多，撞击天王星后解体。

最近，计算机模拟试验结果显示，天王星至少遭受两次撞击后，其自转轴才出现倾斜。如果是一次撞击，应该会拥有与天王星自转方向相反的公转轨道，因此，两次连续性撞击的可能性最大。

太阳系形成初期，天体间的剧烈碰撞非常频繁。从未来宇宙发展看，大型天体的撞击不是例外，而是普通现象。土星和海王星的形成也有可能是大天体碰撞的结果，因为两行星的自转轴与黄道面也倾斜30度左右。

科学视角

中看不中"居"的天王星

"旅行者2号"告别天王星时拍摄的天王星照片

1986年，"旅行者2号"在飞往海王星的途中，借力于天王星飞行，这才有机会对天王星进行近距离观察。"旅行者2号"研究了天王星的结构和化学成分，包括由天王星独特的自转轴引起的天气情况。它首次揭示了天王星的5颗大卫星的特征，发现了围绕着天王星飞行的10颗新卫星，同时还新发现了两条光环。

在天王星附近，有一个美丽而又复杂的光环系统，由十余条光环组成。这个光环系统的空隙和不透明现象表明，它们不是与天王星同时形成的。环中的物质可能是来自被高速撞击的陨石或小天体，唯独最外面的第 5 个光环成分是冰块。哈勃太空望远镜最新发现天王星光环的最外环是蓝色的，次外环是红色的，内环呈灰色。

天王星及其卫星的形成

在天王星光环的明暗区域内，风向是相反的。假如你操纵飞船在光环系统中飞行，你会感觉到一侧和另一侧的风吹得你颠簸不停，所以必须系紧安全带。

比比个

在太阳系中，天王星是第三大的行星，只有土星和木星比它大。天王星的赤道直径是 51 118 千米，是土星直径的一半。

与地球比较，天王星很大。地球的直径不足天王星直径的四分之一。如果把天王星看作是一个空心球，那么它里面能够装下 60 个地球。它的质量是地球质量的 14.6 倍，但引力却不如地球大。在地球上 32 千克的物体，在天王星上只有 28 千克。

与太阳比较，天王星很小。太阳的直径是 14 亿千米，这意味着在太阳的直径上可以摆放着 25 个天王星。

天王星距太阳大约 29 亿千米，是地球与太阳距离的 19 倍。由于它的轨道是椭圆形的，

天王星与地球的比较

所以它有时距离太阳近，有时距离太阳远，在太阳系的行星轨道系里它处在第七位。

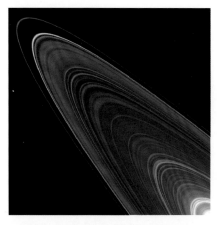

天王星的环系

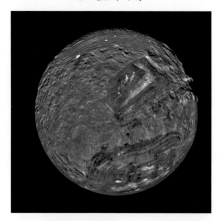

天王星的卫星——天卫五

天王星的卫星——天卫一

天王星有 30 颗卫星，但是人们推测还有很多没有被发现的卫星。1986 年"旅行者 2 号"访问之前，人类仅仅知道天王星有 5 颗卫星。天王星的几乎每一颗卫星表面都有很多火山坑。

"旅行者 2 号"发现天王星的卫星天卫五是一颗非常有趣的卫星。它由冰与岩石混合而成，上面有深深的断层峡谷、连排的山脊和巨大的火山坑。天卫五的南半球存在三个被称为冕状物的巨大沟槽结构，最深处是地球上的最大的大峡谷（位于美国）的 12 倍。

天王星不适合于一切类地生命生存。人类需要呼吸，天王星不但没有氧气，而且有大量对人类有毒的气体。另外，天王星的云顶温度很低，几乎不适合任何有生命的物质存在。

假如天王星的气体没有毒，再假如天王星的云顶温度不是很低，人类依然不能在天王星上居住，甚至不能站立，因为它没有固体表面，任何着陆天王星的物体都将掉入它的大气中，甚至掉入它的液态海洋中，被巨大的大气层压得粉碎。

天王星的卫星上也不适合生命存在。尽管它有 30 多颗卫星，但都没有大气层。它们要么是冰球体，要么就是岩石球体。所以，科学家在宇宙中寻找生命时，一定不会把天王星及其卫星当作目标。

发现天王星

1690 年，约翰·弗兰斯蒂德在星表中将天王星编为"金牛座 34"，并且至少观测了 6 次。法国天文学家皮埃尔·勒莫尼耶在 1750 至 1769 年也至少观测了 12 次，包括一次连续四夜的观测。在天王星被作为行星之前，天文学家至少观测了 22 次，但都没有把它视为一颗行星。

在 1781 年，威廉赫歇尔发现天王星的消息传到了英国国王 George III 的耳朵里。因为国王赞助了威廉赫歇尔的工作，为了感激国王的赞助和支持，威廉赫歇尔将这颗行星命名为 "George 之星"。

尽管当时这是一个很时髦的名字，但遭到了许多天文学家反对。按照传统行星的命名习惯，所有的行星都是以神话中的希腊和罗马上帝的名字来命名的，如木星的英文名字 Jupiter 是火星的父亲，土星的英文名字 Saturns 是木星的父亲。按照这样的顺序，对于天王星，就应该用土星父亲的名字来命名，即 Uranus。所以，在 1850 年，天王星的名字就用罗马神 Uranus 命名了。

虽然天王星没有用英国国王 George III 的名字命名，但 George III 仍然对赫歇尔发现天王星的贡献给予重奖，并称他为天文之父。

约翰·弗兰斯蒂德

站在后面的是罗马神，身边的绿叶树代表夏天，光秃树代表冬天，坐在前面的是大地女神，四个孩子分别代表春夏秋冬

第十章　海王星

海王星是八大行星中距离太阳最远的行星，虽然它的直径在太阳系八大行星中排名第四，但亮度不够，仅仅能散发出幽幽的蓝光，直到1846年才被发现。因为它的颜色与大海颜色一样，因此人们就称它为海王星。

海王星名片

赤道直径	30 775 千米
质量（地球=1）	17.1
赤道重力（地球=1）	1.1
到太阳的距离（地球=1）	30.1
自转轴的倾斜角度	28.3 度
自转周期	16.1 小时
轨道周期	168.4 年
云顶温度	-201 摄氏度
自然卫星	14

穿越太阳系来看你

1989 年 8 月，"旅行者 2 号"探测器飞掠海王星，这是人类首次近距离观测海王星。飞掠期间，"旅行者 2 号"探测器发回了大量的海王星照片，还发现了海王星的 6 颗卫星，之前天文学家仅仅知道海王星有 2 颗卫星。通过分析"旅行者 2 号"发回的照片，人们进一步了解了海王星，特别是发现了海王星的巨型光环及其成分，而这些特别暗淡的光环，从地球上是很难看清楚的。

"旅行者 2 号"探测器还揭示了海王星卫星中最大和最有趣的海卫一的一些细节，并发送回海卫一喷射岩泉的照片，照片中展现了大量灰尘进入海卫一的稀薄大气层的景像。

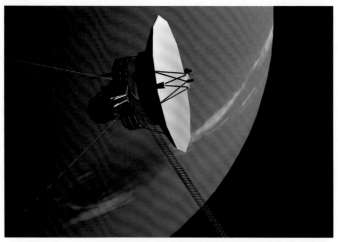

飞越海王星的"旅行者 2 号"

2014 年 7 月 10 日，"新视野号"探测器飞越海王星时，远距离拍摄了几张海王星的照片。8 月 25 日，"新视野号"探测器飞越海王星轨道，距离海王星约 40 亿千米。这个距离差不多是地球到太阳距离的 27 倍。

2015 年，美国又提出了未来 20 年内绕飞海王星的计划。海王星的秘密还在继续发掘中。

路途有多远

　　人类制造的探测器通常是利用太阳能作为能源，但其极限是飞到木星。海王星距离太阳约45亿千米，已经超过了探测器利用太阳能的极限。飞往海王星的探测器只能依靠核动力能源。目前，真正飞到海王星的只有"旅行者2号"探测器。

飞向海王星需要的时间

航天探测器	发射时间	到达海王星时间	花费时间	到达方式
旅行者2号	1977.8.20	1989.8.24	12年	飞越

特别星球

165年才能算1"年"

　　像太阳系的其他行星一样，海王星绕太阳运行的轨道也是椭圆形的，但海王星的椭圆轨道更接近圆形。海王星离太阳的距离约为45亿千米。距太阳如此之远的海王星围绕太阳公转一圈需要165个地球年。事实上，自19世纪中期海王星第一次被天文学家发现以来，直到2011年海王星才刚刚完成一个轨道运行周期，总算过了一个新年。

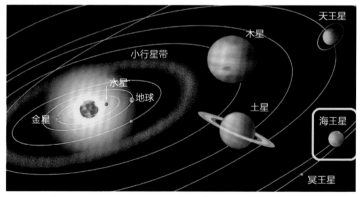

海王星的运转轨道（图中黄色方框内为海王星）

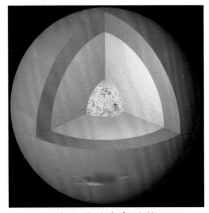

海王星的内部结构

海王星在围绕太阳轨道运行的同时，还会绕其自转轴旋转。海王星的一年很长，但它的一天却出乎意料地短，其自转周期仅仅为 16 小时 7 分钟，只有地球上一天的约三分之二。

海王星大体上可以分为三层。最外面是外壳，约占整个星球的三分之一，由氢、氦、甲烷组成，质量大约相当于 1 ~ 2 个地球。由于含有丰富的甲烷，其呈现蓝色的外观。外壳下面是一个富含水、甲烷、液氨和其他元素的幔，质量相当于 10 ~ 15 个地球。海王星的核则由岩石和冰组成，质量大概相当于 1 个地球。

"旅行者 2 号"探测器发现海王星上有一个巨大的斑点——大暗斑，大小和地球差不多，与木星的大红斑有些相似。其实，海王星是一颗具有几个大暗斑的气态行星，很容易让人们联想到有异常猛烈风暴的木星。

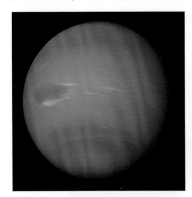

海王星上的大暗斑

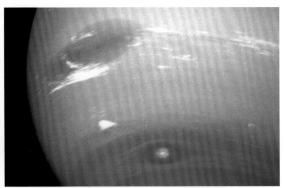

海王星有一片像滑动羽毛的云

"旅行者 2 号"探测器还在海王星上发现了一片小而不规则的云，它以 16 小时左右的周期在海王星表面自西向东运转，就像一片在一个云盖上滑动的羽毛。

人们能够在海王星的大气层高处"看见"类似地球上卷云的狭长而明亮的云带。在海王星的北半球低纬度处，"旅行者 2 号"探测器曾经捕捉到了这些云带在它们下面的云盖上的影子。

像太阳系中的其他几颗气态星球一样，海王星也有一个光环系统。天文学家们已经计算出有六个明暗相间的光环围绕着海王星的赤道。这些光环或许都由尘埃组成，整体看上去光线都很微弱，但有三个明亮的弧段，外环比内环更明亮。科学家们认为，明亮的原因可能是有较厚尘埃集中在那里。

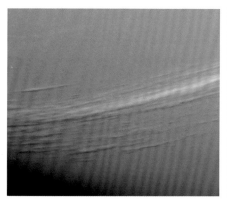

海王星北半球在阳光照射下的卷云　　　　　　海王星的光环

1846 年，人们利用反射望远镜曾看到过海王星的光环，并推算出该光环的半径为海王星半径的 1.5 倍。1989 年 8 月，"旅行者 2 号"探测器飞近海王星，发现它周围有 3 个光环，而且外光环呈明亮弧状，沿弧段周围还有紧密积聚的物质。不过，海王星光环的具体情况仍不太清楚，还需要更多的探测和研究。

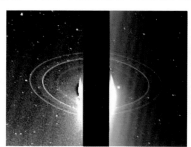

1989 年"旅行者 2 号"拍摄的海王星光环照片。这三幅图像是"旅行者 2 号"于 1989 年 8 月 26 日在距离海王星 280 000 千米处曝光 591 秒所获取的。图中可以很清楚地看见海王星的两个主环，两个环都是连续环。主环内侧的暗环距离海王星中心 42 000 千米。图像中心明亮的光是相机对月牙形的海王星过度曝光造成的。无数明亮的星星在黑色的背景上显得非常引人注目。

海王星至少有 13 颗卫星。3 颗最大的卫星分别是海卫一、海卫八和海卫二，

其他卫星都相当小，直径都小于 480 千米。

海卫八是海王星的第二大卫星，但却是在 1982 年才被"旅行者 2 号"探测器发现的。而另一颗体积较小的海卫二则在 1949 年就被地球上的观察者发现了。海卫八迟迟没被发现的原因是它的表面非常暗，而且它的轨道非常靠近海王星。海卫八的外形是一个古怪的盒子形状。天文学家认为，假如海卫八的质量再大一点，其自身引力将会使其变成球形。

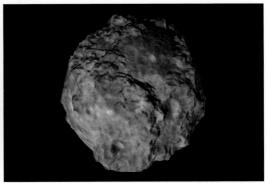

海卫一（左图），海卫八（右图）

海卫一是海王星的最大卫星，直径 2 700 千米，是太阳系中较大的卫星之一。只有木星的四颗最大卫星、地球的月球和土卫六比它大。

土卫六和海卫一都有大气层，其主要成分是氮气。海卫一还有间歇喷泉，偶尔还会有氮气和其他物质从地表下面喷流而出。海卫一还

海卫一表面的喷泉（想象情景）

是太阳系中最冷的球体，表面温度为 −235 摄氏度。海卫一绕海王星公转的轨道与海王星自转的轨道相反。这就是为什么科学家认为海卫一是在海王星形成后很长时间内由海王星引力捕获而来的星体。目前，海卫一的轨道逐渐下降并接近海王星，很可能在数百万年里，它会脱离轨道并且在海王星的周围形成新的环。

海王星上有生命吗?

　　科学家认为海王星和海王星的卫星上存在生命的可能性极小，因为海王星的大气是由有毒气体组成的，而且大气层的顶端极其寒冷，约为 −215 摄氏度。而在海王星的内部深处，温度极高，假使存在水或海洋，则很可能被煮沸，所以不可能存在有生命的物质。

　　海卫一是海王星唯一的具有大气层的卫星，但是非常寒冷，任何有生命的物质都很难生存，其大气温度相当于地球上的南极洲。

　　另外，科学家认为，即使宇宙有生命存在，也不可能在海王星附近发现，因为海王星的周围环境不适合生命存在。

海王星的周围环境不适合生命存在

比比个

　　按照天文学家的计算，海王星质量为地球质量的 17 倍，平均密度为地球的 1.5 倍，体积也比地球大得多。海王星的引力比地球稍微大一点，假如你在地球上的体重是 100 千克，那么你在海王星上的体重就是 112 千克。

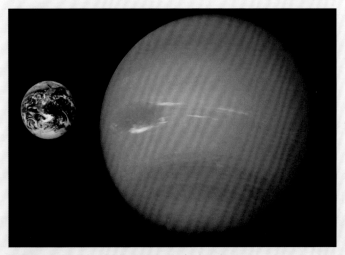

海王星与地球的比较

　　地球离太阳较近，可以吸收太阳发出的足够的能量，保持近地空间环境的温度。而海王星处于太阳系的外层边缘，接收到的太阳能量仅仅是地球接收到的一小部分。如果从海王星上观察太阳，会比地球上看到的太阳暗淡 900 倍。

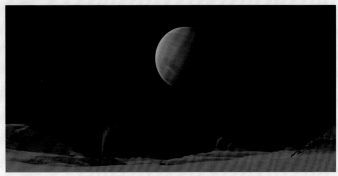

从"海卫一"上看海王星的景象

海王星与波塞冬

罗马的海神

海王星名字起源于波塞冬。波塞冬是希腊神话中的海神，是宙斯的哥哥，也是哈迪斯的弟弟，象征物为波塞冬的三叉戟。他的坐骑是白马驾驶的黄金战车。

当初宙斯三兄弟抽签均分势力范围，宙斯抽中天空，哈迪斯抽中冥界，波塞冬则抽中大海和湖泊。

波塞冬不仅权力巨大，而且野心勃勃，桀骜不驯。他不满足于所拥有的权力，曾与赫拉、阿波罗、雅典娜等人密谋，想把宙斯从他的宝座上赶下来，但阴谋没有得逞，最终反而因得罪了宙斯被赶往人间服侍一位凡人。

波塞冬的爱情是非常有趣的。波塞冬遇见一个姑娘安菲特里忒。安菲特里忒不喜欢波塞冬对她的暧昧而变成一匹马，但波塞冬则变成一匹会说话的骏马，继续追她。最后，波塞冬抢走了美丽的少女安菲特里忒，把她掳到一个岛上，让她变成一只绵羊，自己变成一只长有金色羊毛的公羊。

波塞冬的后代与宙斯美貌优秀的后代大不相同。波塞冬与安菲特里忒的独生儿子是个男美人鱼，上半身是人身，下半身是鱼尾，浑身长满了海藻。波塞冬和安菲特里忒还生下两个女儿。波塞冬与各路情人生了很多儿子，他的私生子多是巨人和粗野的莽汉。波塞冬与大地女神盖亚生了个儿子安泰。他生性好斗，在格斗的时候，只要他不离开大地，就能从大地汲取力量。当他遇到宙斯的儿子赫拉克勒斯时，被三次打倒都无损伤。后来赫拉克勒斯发现了他恢复力气的秘密，就用强有力的手臂把安泰举在空中，然后将他掐死。

波塞冬

天文学家命名这颗新星球为海王星，其英文含义是"罗马的海神"。这个名字非常形象，因为海王星看起来是蓝色的，很像湖泊或海洋。另外，海王星的卫星也是用神话故事中的其他海神来命名，如海卫一的名字为 Triton，是古希腊的一种人身鱼尾形的海神的名称。海王星的符号也是传说中上帝携带的一种"三管齐下"的矛。

约翰·柯西·亚当斯（1819–1892）

英国数学家、天文学家，海王星的发现者之一。在剑桥大学学习期间，亚当斯注意到了天王星轨道运动的反常问题。1844 年，他计算了天王星轨道被一颗当时尚未发现的行星影响的可能性，并推算出了未知行星可能的位置。为纪念他，海王星的一条光环以及第 1996 号小行星都以他的姓氏命名。剑桥大学设立了亚当斯奖，用于表彰在数学领域做出突出贡献的英国数学家。

奥本·尚·约瑟夫·勒维耶（1811–1877）

　　法国数学家、天文学家，海王星的发现者之一，计算出海王星的轨道，并根据其计算，观测到了海王星。他推测：因为存在一颗未知行星的引力作用，使天王星的轨道运动受到干扰，也就是天文学上所谓的"摄动"影响。他计算出这颗行星的轨道、位置、大小，然后请柏林天文台的伽勒寻找这颗未知的行星。发现海王星的那一年，勒维耶 35 岁。

约翰·格弗里恩·伽勒（1812–1910）

　　德国天文学家，海王星的发现者。1846 年 9 月 23 日，他正式宣布他发现海王星；1851 年，担任布雷斯劳大学天文学教授并负责当地天文台观测工作。除发现海王星外，他还也研究观察彗星，1894 年时在他儿子协助下出版了彗星列表，一共收录 414 颗彗星。他本人也曾在 1839 年 12 月至 1840 年 3 月短短 3 个月内发现了三颗彗星。国际天文联会将月球和火星各一个撞击坑和海王星的环以他的名字命名。

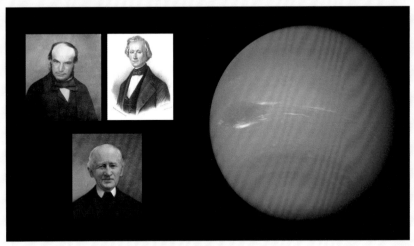

发现海王星的三位科学家

第十一章　冥王星

在人类认识太阳系的艰难过程中，冥王星一开始就充满迷人的故事。它的发现颇为蹊跷，竟然是因为发现者不知道广为人知的"真理"而造成的。冥王星发现后，身份飙升，很快成为太阳最远的一颗"大行星"。但是，随着人类对太阳系认识的不断深入，冥王星惨遭"降级"厄运，从高大上的太阳的第九大行星降级为矮行星。

冥王星名片

公转轨道	距太阳 4 504 000 000 千米
轨道倾角	17.1449°
体积	6.39×10^9 立方千米
质量	$1.305 \pm 0.007 \times 10^{22}$ 千克
自转周期	6 日 9 小时 17 分 36 秒
公转周期	247.68 年（90465 天）
平均密度	2.03 ± 0.06 克 / 立方厘米
亮度	-0.8 绝对星等
大气成分	主要是甲烷、氮气、一氧化碳
表面温度	-229 摄氏度

专程探访冥王星

　　冥王星曾经是太阳系的第九大行星，距离地球非常遥远，人类探测冥王星的艰巨历程可以说是刚刚起步。美国航空航天局发射的"新视野号"是一个冥王星探测器，主要目的是对冥王星、冥卫一、柯伊伯带进行考察。

太阳系

　　"新视野号"像一架大钢琴，质量为 454 千克，装备有多种科学仪器，包括高清彩色地图和冥王星及冥卫一表面成分分析设备、远程勘测成像仪、放射性实验仪器、太阳风分析仪、高能粒子频谱仪、尘埃计数器、探测冥王星大气构成

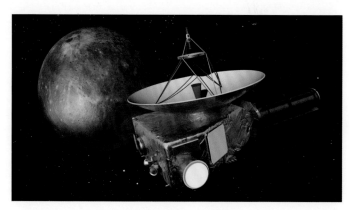

"新视野号"探测器

路途有多远

冥王星距离地球非常遥远，大约为 50 亿千米。如果从地球上向冥王星发射无线电信号，那么它将在 4.6 小时后才能传到冥王星。强大的哈勃太空望远镜也只能观察到冥王星表面的大致情况。所以，飞向冥王星首先面临的挑战是人造航天器能不能飞越如此遥远的距离。

"新视野号"探测器从地球发射后，时速是 5.8 万千米 / 时，而普通航天器在轨道上的时速大约是 2.8 万千米 / 时。即使如此，"新视野号"探测器飞往冥王星还花了 9 年 5 个月零 25 天。

"新视野号"探测器飞行历程

人类还能更快地到达冥王星吗？答案是肯定的，但这需要增加火箭推力，减少探测器的有效载荷。同时会带来两个问题：一个问题是火箭很贵，大推力火箭更贵；另一个问题是目前人类还没有掌握接近矮行星的方法。"新视野号"探测器是飞越冥王星，如果要进入环绕冥王星的轨道，就需要自带大量燃料用于减速，非常不划算。

飞向冥王星需要的时间

航天探测器	发射时间	到达冥王星时间	花费时间	到达方式
旅行者 1 号	1977.9.5	1990	12 年 6 个月	飞越
先驱者 10 号	1972.2.28	1983	11 年	飞越
新视野号	2006.1.19	2015.7.14	9 年零 5 个月 25 天	飞越

的紫外线成像光谱仪等等。为了降低能耗，这些仪器仅仅在工作时才开机，因而其总能耗低于一个夜间照明的灯泡。由于"新视野号"越飞离太阳越远，所以不能依靠太阳提供电力，而只能依靠核能提供电力。

2015 年 7 月 14 日，"新视野号"拍摄的采用增强彩色图像技术的冥王星（下）和冥卫一（上）

特别星球

遥远而又特殊的星球

冥王星距离太阳十分遥远，虽然哈勃望远镜拍摄了冥王星最清晰的照片，但也仅能显示冥王星表面的明暗程度，无法了解确切的地貌，而且冥王星比月球还要小。

冥王星的轨道非同一般。冥王星围绕太阳旋转的轨道比其他行星的轨道更"扁"一些，即椭圆的偏心率更大一些。八大行星的轨道都在一个平面内，好像是八个大球围绕着一个圆盘旋转。而冥王星则是在一个倾斜的平面内围绕着太阳旋转，其轨道一部分在黄道之上，另一部分在黄道之下。另外，它的轨道受柯伊伯带影响很大。事实上，正是因为冥王星古怪的轨道，使得天文学家开始怀疑它是否是行星。

冥王星在轨道上的运行周期非常长，围绕太阳转一圈需要 248 个地球年，即一个冥王星年等于地球上的 248 年。在 1979 年至 1999 年的 20 年期间，冥王星的轨道低于海王星，2200 年以后还会发生这种现象。

冥王星自转一周相当于六个地球日，冥王星一天的时间是非常长的。

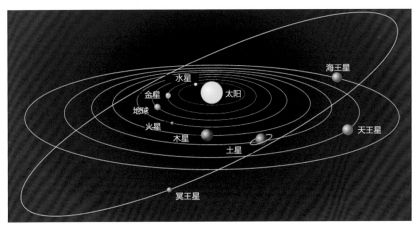

冥王星的轨道

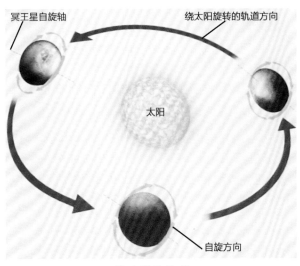

冥王星的轨道

科学家认为冥王星可能是由冰组成的，并且有一个由铁镍岩石混合成的小核。冥王星周围有非常稀薄的大气，成分是冰状或霜状的甲烷，可分为透明的上层大气和不透明的下层大气。

由于距离太阳十分遥远，在冥王星上远望太阳，太阳已经变得像一颗亮星星一样了。冥王星的表面因为缺乏热辐射源而十分寒冷，温度大约在 $-240 \sim -220$ 摄氏度之间。

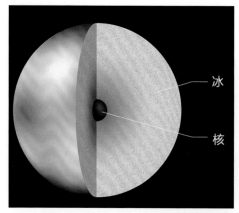

冥王星的组成

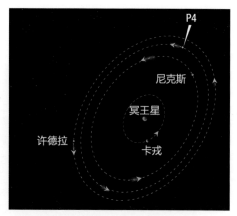

冥王星的周围环境

在地球上，利用强大的望远镜观察，冥王星看起来就像一个模糊的盘子。冥王星呈褐色，表面温度很低。冥王星表面分布着一些亮点，这些亮点可能是极地冰冠。另外还有一些暗点分布在冥王星的表面上。天文学家认为冥王星被稀薄大气包围着，周围的稀薄大气可能是氮气。由于没有详细的数据，目前人们还不知道稀薄大气对冥王星环境有何影响，但根据观察，天文学家发现冥王星的稀薄大气层正逐渐向外膨胀。

截至目前，人类已经发现冥王星的 5 颗卫星，分别为卡戎、尼克斯、许德拉、P4 和 P5。其中最大的卫星是"卡戎"；另外还有 2 颗小卫星，分别为尼克斯和许德拉。卡戎的运行轨道接近冥王星，而尼克斯和许德拉的运行轨道离冥王星较远。

卡戎的直径正好是冥王星的一半，表面上布满了冰冻的氮和甲烷。与冥王星不同的是，卡戎没有大气层。

冥王星的第 5 颗卫星是从 2012 年哈勃望远镜拍摄的 9 组图像中发现的。冥王星有这么多卫星令科学家们感到好奇。科学家认为，冥王星的第 5 颗卫星能够帮助人们了解冥王星的诞生及演变。

行星与矮行星

众所周知，16 世纪哥白尼提出的日心说揭开了人类认识宇宙的新篇章。在太空探索中，冥王星一直充满着迷人的故事。

通常，人们普遍认为："行星就是绕着恒星运转、反射恒星光、体积比小行星大的天体。"这样定义行星虽然不甚精确，却可以将我们周围所熟悉的天体进行清楚的分类。但是随着人类航天能力的发展，这样的定义越来越站不住脚：当深空探测器飞越海王星后，发现了几百颗符合行星条件的天体，如柯伊伯带里有些冰球也符合行星的特征。此外，太空望远镜还发现太阳系之外的许多其他恒星周围的行星，与太阳系行星轨道特征完全不同。

冥王星是太阳系中最后一颗较大的行星，2006 年以前与其他八大行星并称九大行星。2006 年 8 月 24 日，国际天文学联合会大会决议：冥王星被视为是太阳系的矮行星，不再被视为大行星。这是因为太阳系中有七颗卫星比冥王星大；此外，冥王星的轨道非同一般，八大行星的轨道都在一个平面内，好像是八个大球围绕着一个圆盘旋转，而冥王星则是在一个倾斜的平面内围绕着太阳旋转。

太阳系行星要符合的条件有：

①行星位于围绕太阳的轨道之上；

②行星须有足够大的质量来克服本身内部应力而达到一种近于球形的平衡形状；

③行星须有足够的引力清空其轨道附近区域的天体。

冥王星则不符合上述第三条行星标准，所以国际天文学联合会进一步决议通过"冥王星应该归入矮行星之列。"

比比个

　　冥王星相当小，质量仅为地球质量的 0.2%，直径也仅有地球直径的 18%，相距太阳的距离却是地球的近 40 倍。

冥王星与地球的比较

　　月球半径为 1 079 千米，而冥王星半径为 736.9 千米，此图为它们并肩的大小比较

最近科学家发现太阳系有七个地球大小的天体，但不能称为行星，因为它们尚未清空其轨道附近区域的其他天体

太阳系分两层，即内层太阳系和外层太阳系。在内层太阳系，仅仅有一颗矮行星，称为科瑞斯。在木星和火星轨道之间还有大量的小行星，但都不如行星的体积大。

在外层太阳系，国际天文联合会仅仅公布了2颗矮行星，分别是厄里斯和冥王星。然而在这个区域里，还有几个星体也符合矮行星的定义，如 Sedna 和 Quaoar。Sedna 是 2004 年发现的，其体积是冥王星的四分之一；Quaoar 是 2002 年发现的，其体积是冥王星的二分之一。在海王星的轨道之外还有 24 颗星体也符合矮行星的定义。

在太阳系的边界处有一个很宽的区域，被称为"柯伊伯带"。柯伊伯是美国天文学家的名字。柯伊伯带位于海王星的轨道之外，内边缘距离太阳 45 亿千米，外边缘位于距离太阳 75 亿千米处。在柯伊伯带里遍布直径从数千米到上千千米的冰封物体，是太阳系大多数彗星的来源地。当然，在柯伊伯带和更远之处，也发现了一些矮行星。美国天文学家布朗曾绘制出柯伊伯带星图，在他绘制的星图中包括 200 多颗矮行星。

柯伊伯带的环境

柯伊伯带里的矮行星

在柯伊伯带里有大量的矮行星或大块冰块

厄里斯星体在冥王星之外运行，属于矮行星，由冰和岩石组成。在某种意义上看，它和冥王星类似，但有两个非常明显的不同之处。首先，冥王星是褐色的，具有暗点和亮点，而厄里斯星体是白色的，整个星体具有单一颜色。另一个不同点是厄里斯星体非常亮，可以像镜子一样反射光线，照射在它上面的太阳光的80%被反射出来，冥王星仅仅有60%的太阳光被反射出来，比冥王星要亮很多。厄里斯表面还有一层稀薄的大气，主要成分是甲烷。由于厄里斯星体离太阳很远，温度很低，所以其大气层呈现固体冰状，这个冰状大气层构成了光线的反射面。

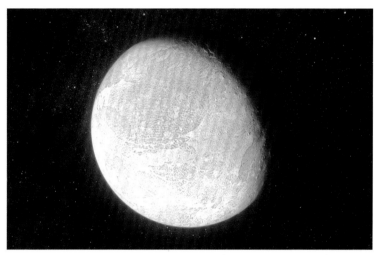

厄里斯星体的外貌

厄里斯星体与太阳的平均距离约为101亿千米，而冥王星距离太阳的平均距离是59亿千米。厄里斯星体的轨道不同于其他星体的轨道，它的轨道椭圆扁率比较大，其距离太阳最近的点为57亿千米，距离太阳最远的点为145亿千米。厄里斯大部分的运行时间是在冥王星轨道的外侧，有时厄里斯也可以运行到比冥王星更接近太阳的位置。

厄里斯星体围绕太阳转一圈需要很长时间，大约是560个地球年。另外，天文学家目前还不知道厄里斯星体是怎样自转和公转的。但厄里斯星体是亮白色的，有助于科学家的观察和研究，相信在不远的将来会对它有进一步的了解。

在国际天文学联合会的决议中，矮行星的首批成员有谷神星、冥王星和厄里斯。下面再介绍一下谷神星。

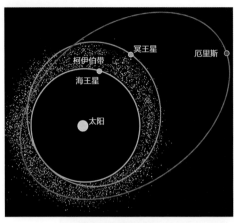

厄里斯的轨道

1801 年元旦之夜，意大利天文学家 Giuseppe Piazzi 偶然发现一颗游动星，并命名为谷神星。"谷神"这个名字来源于罗马神话中的谷物女神。

谷神星的平均轨道半径为 2.766 天文单位（1 天文单位约 1.5 亿千米），轨道是椭圆形的，与太阳的距离为 2.5 ~ 2.9 天文单位，每 4.6 地球年公转一周。它每 9.07 小时自转一圈。近年来，哈勃空间望远镜拍摄到它表面的一些情况，其形状近于圆球，平均直径 950 千米，是小行星带中已知最大和最重的天体，它的质量占小行星带总质量的三分之一。

2007 年 9 月 27 日，美国航空航天局发射了"黎明号"航天器前往探测灶神星和谷神星，从而揭示了谷神星的更多秘密。

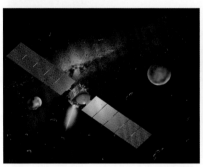
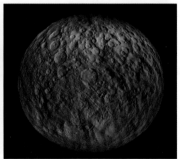

"黎明号"航天器

传奇故事

普鲁托的神话故事

普鲁托是古罗马神话里的冥王，阴间的主宰，地府之王，人们死后灵魂世界的主宰者。提起这位神的名字，人们就心生畏惧。说实话，人们不愿看到他的面孔。他走出阴曹地府来到地球就不会有好事，他的目的就是找一个牺牲品带回恐怖的地狱。他不时要巡查地府，看看是否有裂缝，阳光是否穿透进来，照亮了幽暗的地狱，驱散了它的阴影。

普鲁托在前进道路上遇到障碍物挡道，就用双头尖叉将其击碎，让出道来，双叉戟是他的权力象征。普鲁托诱拐了克瑞斯的女儿——神采奕奕的植物女神普洛塞庇娜，并让她坐上宝座，封她为冥后。

为了防止凡人进入或灵魂逃跑，普鲁托放置了一只名叫刻耳柏洛斯的三头狗守卫地狱的大门。普鲁托建造了一条火河，把地府的地盘围了起来。到阎王殿听从判处之前，死者的灵魂要通过阿刻戎河。这条河河水发黑，水流湍急，即便是最大胆的游泳者，也不可能泅过。由于没有桥，所有的灵魂都必须靠老艄公喀戎的帮助，因为只有他有一条小船供摆渡。过河要先给一个硬币作为费用，否则不得上船。为筹过河费用，要在下葬前在死者的舌头下放一枚小钱。这样，死者的灵魂便直通阎王殿。凡交纳不了过河费用的灵魂，就得等到了岁末，喀戎才极不情愿地免费将他们摆渡过河。

地府还有另一条名叫忘川的河，河水的魔力可以使你忘记一切生前的欢乐、悲哀和痛苦。这是为善良者准备的，他们因个人生前的善举，在天堂可以无忧无愁，享受永远的祝福。

靠近普鲁托的宝座坐着三位地府法官，他们的责任是审问新来的灵魂，从纠缠中分辨出善与恶、好与坏的思想和行为。将审讯材料放在公正女神忒弥斯的天平上称一称，如果天平上善的质量大于邪恶的质量，灵魂将被引导上天堂；反之，则被打入塔耳塔洛斯受火刑煎熬。

普鲁托和冥府守门狗

157

第十二章
空间小天体

太阳系中不仅有人们耳熟能详的太阳和八大行星，以及虽然被降级为矮行星但依然声名卓著的冥王星，而且有数量众多的小天体。这些默默无名的小天体在太阳系广袤的空间里自由游荡，甚至没有绕太阳运行的确定轨道。只有它们不经意间闯入地球大气层化为夜空中靓丽的流星时，才会引起人们的注意。事实上，科学家早就关注到这些毫不显眼的小天体，早就展开了对其的探测和研究，并产生过"俘获"一个小天体的惊人设想。

空间小天体名片

慧星	彗核 <16 千米（长） 例如：哈雷彗星的彗核比较大，大约为 16×8×7.5 千米
小行星	小的小行星 <10 米（长），称为"米形"小行星 大的小行星 > 几百千米（长） 例如："谷神星"的小行星，长 950 千米
陨石	直径 20 米~1 千米

地球使者

访问小天体

"国际日地探测器 –3 号"（ISEE–3），于 1978 年 8 月 12 日发射进入日心轨道。它是国际日地探测计划项目中的三颗探测器之一，另外两颗被称为 ISEE–1 和 ISEE–2 的母女对，这个项目由美国航空航天局和欧空局共同负责，承担探测地球磁场和太阳风的任务。

"国际日地探测器 –3 号"是第一颗被部署在 L1 轨道上的探测器，完成轨道任务后，被重新命名为"国际彗星探测器"（ICE），于 1985 年 9 月 11 日借助月球重力场的作用，进入太阳轨道与 Giacobini–Zinner 彗星相遇，并穿越彗尾，成为人类第一颗访问彗星的探测器。

1986 年，"国际彗星探测器"又探测了哈雷彗星。2014 年 7 月 2 日，地面控制发动机点火，由于贮箱中氮气压力不足，点火失败。2014 年 9 月 16 日，"国际彗星探测器"与地面完全失去联系。

国际彗星探测器

根据轨道理论预测，2029 年左右它将再次回到地球附近，或许到时美国航空航天局的工程师们还会继续操控这颗探测器，挖掘它的新作用。

"乔托号"是一颗圆柱形探测器，直径和高分别为 1.8 米和 3 米，质量为 950 千克。它是一颗彗星探测器，于 1985 年 7 月发射，1986 年 3 月 13 日抵达哈雷彗星。

很久以来，由于彗核被彗发包围着，地面望远镜无法观测到。1986 年之前，没有人知道彗核是什么样子。"乔托号"从距离哈雷彗星彗核 600 千米处飞越，

"乔托号"探测器

拍摄了大量哈雷彗星彗核图像。天文学家从它传回的照片和图像分析得知，哈雷彗核是一个长为 15.3 千米、宽为 8 千米的马铃薯块状物体。它的表面光滑，由于受太阳光照的影响，不断地喷射出亮晶晶的气体和尘埃粒子。

　　"星尘号"探测器是美国研发的行星际宇宙飞船，于 1992 年 2 月 9 日发射，任务是探测"维尔特 2 号"彗星及其彗发的组成。

　　为了成功捕获到来自彗星的尘埃粒子，并防止其挥发，"星尘号"使用了轻质多孔气凝胶材料，将其悬装在形如网球拍状的收集装置上。2004 年 1 月 2 日探测器飞越彗星时，从其彗发中收集到彗星尘埃样品，并拍摄了清晰的冰质彗核图像。

　　2006 年 1 月 15 日，装载有被科学界称为无价之宝的"星尘号"返回舱与探测器成功分离，并平稳着陆在犹他州沙漠上。"星尘号"返回舱的速度达到了12.9 千米 / 秒，刷新了"阿波罗 10 号"所创造的人造探测器返回地球的飞行速度纪录。至此，总航程达 46 亿千米的"星尘号"探测器圆满完成了科学任务，标志着美国航空航天局历时 7 年，利用航天器对彗星进行的首个取样计划顺利完成。

"星尘号"探测器

　　"深度撞击号"是美国航空航天局为探测"坦普尔 1 号"彗星任务而设计的。2005 年 1 月 12 日，这颗探测器携带一个像洗衣机一样大的撞击器成功发射。

7月4日，探测器释放撞击器并于次日成功撞击目标彗星的彗核。这枚372千克级的铜制撞击器价值3.3亿美元，伴随着相当于4.7吨TNT释放的能量，实现了人类与彗星的撞击。

"深度撞击号"主要由两部分组成，一部分是用于撞击彗核的撞击器，另一部分是在安全距离外拍摄的飞越探测器。撞击发生的同时，飞越探测器在距离彗核500千米的距离飞掠，并对喷出物、弹坑位置等进行拍摄。

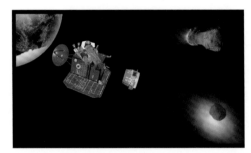

"深度撞击号"

"罗塞塔号"探测器归属于欧空局组织的无人太空船计划，肩负迄今为止最有意义的彗星飞行任务。探测器用于研究代号为67P的彗星。整个探测器由对彗星进行绕飞观测的"罗塞塔"探测器和用以彗星软着陆的"菲莱"着陆器组成，于2004年3月2日搭乘"阿丽亚娜5号"火箭升空，经过三次借力飞行，向着彗星67P前进。8月6日，"罗塞塔号"抵达彗星67P。通过探测器对彗星的环绕拍摄，为"菲莱"选择了合适的着陆点。11月12日，"菲莱"成功着陆。不幸的是着陆位置处于悬崖附近，悬崖遮住了太阳光，导致太阳帆板能接受的阳光比预期少，在工作60多小时后，便进入了休眠状态。

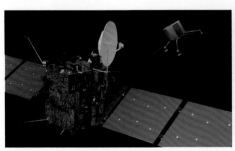

"罗塞塔号"探测器（左图）和"菲莱"着陆器（右图）

幸运的是，在接近近日点的过程中，太阳照射逐渐变强，2015年6月14日"菲莱"与"罗塞塔"重新取得了联系，传回了2256比特的信息。但7月9日以后，"菲莱"就再也没有联系上，"罗塞塔"也于2016年9月30日坠落到67P彗星的表面，结束了它的使命。

守株待兔 "抓捕" 小天体

小行星不同于行星，它的运行轨迹并不总是有规律的。让我们拿周期性彗星为例，来解释人类飞往小行星需要多长时间的问题吧。

按照彗星访问地球附近的情况，可以将彗星分为两类。对于那种只出现一次，然后便一去不复返的彗星，称为非周期性彗星。它们也许一生就在茫茫宇宙中游荡，或者被其他星体吸引，与其他的行星发生撞击并被吞灭。

另一种彗星被称为周期性彗星，围绕着太阳做周期性的运动。通常，周期性彗星沿着椭圆轨道运行。

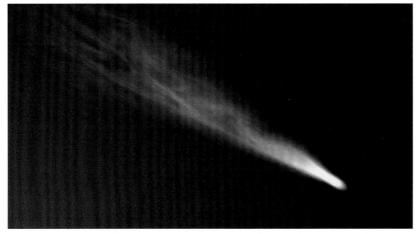

2016年10月美国航空航天局利用近地天体广角红外线探测望远镜发现一颗彗星（命名为 C／2016 U1）

运行在椭圆轨道上的彗星称为周期彗星，而周期彗星又分为短周期彗星和长周期彗星。短周期彗星是指围绕太阳公转周期少于200年的彗星，而长周期彗星的周期一般长于200年。这就意味着人们在过去200年里发现的长周期彗星还没有回来过，但是天文学家可以通过测量彗星的运动速度和环绕路径而计算出彗星的运行时间和周期。

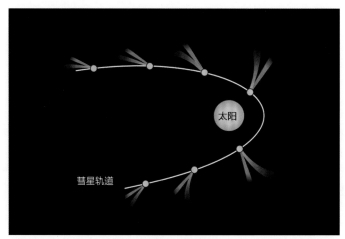

彗星的运行轨道

太阳系中的行星都在同一平面，或者说在同一水平层面上围绕太阳运行，就好像它们被平铺在一个圆形的桌面上。而周期性彗星却不在这个平面上运行，它们以不同的轨道倾角围绕着太阳运行，在这个平面之上，或者在这个平面之下。

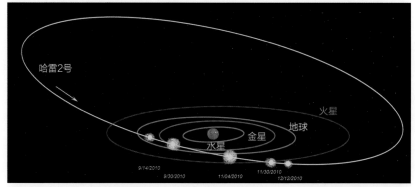

2010年9月30日，美国太阳和太阳风层探测器观测"哈雷2号"彗星的盛大旅行

大多数短周期彗星沿着太阳在柯伊伯带内运行（这个区间带在海王星之外的

一段空间区域）。而大多数的长周期彗星也许会将轨道延伸得更远，一直延伸到奥尔特云附近（在太阳系边缘的一段辽阔的由无数天体构成的球状星云），奥尔特云附近也许就是数以十亿计的"死亡"彗星的家园。在那里，几乎是每时每刻，都有彗星被"拉入"太阳系，并开始它们的盛大旅行。

人类飞往小行星，一般采用的是守株待兔的被动方式。所以，飞往某颗小行星需要多长时间，要看那颗小行星什么时间进入人类视野。

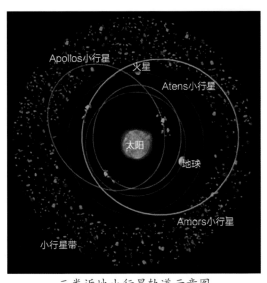

三类近地小行星轨道示意图

但是进入人类视野的小行星，有时也是致命的杀手。小行星通常并不威胁地球，但是如果一颗大的小行星脱离了太阳轨道，就有可能撞击地球，给地球生命带来毁灭性的灾难，这种情况在地球历史上曾经发生过。一些科学家认为，6 500 万年前一颗小行星撞击了地球，造成地球上生态环境的破坏并且最终导致恐龙的灭绝。2008 年，天文学家发出了有史以来的第一份小行星撞击预报，一块卡车大小的太空巨石 2008 TC3 小行星即将撞击地球，预计会在一天之内撞击苏丹北部。就在预定撞击的时刻，一名航班飞行员在苏丹上空看到了火球，这是小行星闯入地球大气时发生的爆炸，当量相当于 1 000 吨 TNT。几个月后，科学家找到了一批散落在沙漠里的新鲜陨石。这相当于完成了一次近地天体的"采样返回任务"。

尽管绝大部分的小行星都位于木星附近的小行星带内，但仍然有部分小行星在太阳系的其他区域绕太阳旋转，这类小行星多被称为近地小行星。按照轨道的不同，近地小行星可以划分为三类：Atens 小行星，其轨道几乎或全部位于地球轨道内部；Apollos 小行星，其轨道偶尔穿过地球轨道；Amors 小行星，其轨道穿过火星轨道，而不是地球轨道。

除此之外，太阳系中还存在着其他的小行星。柯伊伯带小行星与木星有着相同的轨道，半人马小行星存在于太阳系的外围空间，并且最终有可能变成彗星。

神奇的彗星

早在 1932 年至 1950 年，一些天文学家认为彗星起源于一种围绕在太阳系周边的云团，现在被称为"奥尔特云"，距离太阳大约 2 000～5 000 个天文单位。人们能经常看到新彗星造访太阳系，说明在太阳系周围必定存在着一个"彗星仓库"。当恒星在奥尔特云附近经过时，就会扰动其中的物质团块奔向太阳，最终抵达太阳系形成新彗星。

大约 46 亿年前，太阳被包围在一个巨大的物质盘中，后来盘中的大部分物质逐渐形成了行星，剩余的物质被木星和土星弹射到太阳系边缘。奥尔特云的概念提出以来，一直停留在假说阶段，没有得到观测认证。到目前为止还没有人类的探测器抵达如此遥远的地方，也没有足够强大的望远镜能够直接看到它的存在。

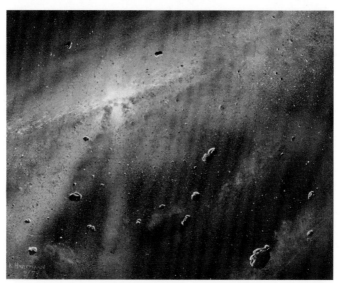

被大量彗星物质包围的原始太阳系

一般典型的彗星都有一条长长的尾巴，头部具有块状固体（被称作彗核）。当人们从地球观察彗星时，一般看不见彗核，因为它太小了，但可以看见彗星的其他部分，如彗发和彗尾。

当彗星靠近太阳时，太阳的热使彗星蒸发，在彗核周围形成朦胧的彗发和一条稀薄物质流构成的彗尾。由于太阳风的作用（太阳风是从太阳上层大气射出的超声速等离子体带电粒子流），彗尾总是背离太阳的方向。

地球的外层有一层气体环绕，称为大气层。类似地，彗星同样也拥有大气层，比地球的大气层更为稀薄和纤细。彗星的大气层称作彗发，包裹着彗核并发出光芒。太阳照射时，彗核散发出的灰尘和气体形成了彗发。彗发向太空中扩散比地球大气层向太空扩散得更远，一般是 100 000 千米，有的甚至超过 150 000 千米，比太阳直径还长。

在地球上观察的彗星（注意彗星有两条尾巴）　　　　　　　　彗星的彗发

从太阳发射出的辐射和高能粒子将彗星的头部"吹"出一条或者多条的尾巴，所以当彗星接近太阳时，彗尾最长，而远离太阳去时，彗尾开始缩短。

事实上，大部分彗星通常有两条尾巴，一条是由尘土组成的，另一条是由气体组成的。由于彗星在太空中高速运动和行星引力的合成作用，尘土构成的尾巴会稍稍有点弯曲。由于气体比固体更轻，且更易被太阳风吹动，所以气体构成的尾巴通常是笔直的。另外，由于尘土颗粒可以反射或者折射光线，所以尘土彗星尾巴是闪亮的；因为气体中的粒子本身就可以发光，所以气体彗星尾巴是发光的。

在彗星头部的内层是彗星的彗核。它是一颗又小又黑的石块，大多数彗核的尺寸不超过 50 千米。早期人们认为彗核是覆盖一层冰的小卵石颗粒，可以形象地称为"碎石银行"。1950 年，美国航天员惠普尔提出了著名的"脏雪球"

的概念，他认为彗核是由尘土颗粒和岩石碎片混合的巨大冰块。彗核的冰块并非简单的冰水，还有其他的冰冻物质，比如说固态甲烷、二氧化碳和氨，而这些物质在地球上都是气态的。

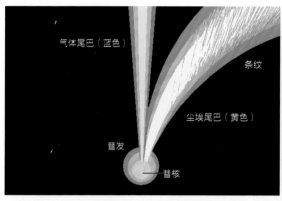

彗星的 2 条尾巴

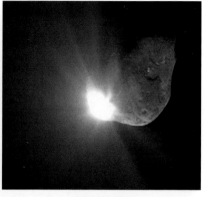

彗星的彗核

2005 年，美国"深度撞击号"航天器释放了一个撞击器与"坦普尔 1 号"彗星的彗核进行深度撞击，撞击结果证明彗核所包含的冰状物质比原先假想的要少，相反尘土颗粒和岩石碎片比原先假想的要多。以前认为彗核中包含的冰比尘土多，所以把彗核描绘成一个"脏雪球"。由于发现彗核的岩石碎片和尘土颗粒比冰多的结论，所以彗核又被称为"冰状脏雪球"。

流星体、流星与陨星

在太阳系中，人们经常区分不清三类英文名称以"M"开头的小天体。这三类小天体分别是流星体（meteoroid）、流星（meteor）和陨星（meteorite）。流星体、流星、陨星都是宇宙中的碎屑，只是在不同状态与情形下有不同的名字。

落到地球的小天体被人们称为的陨石

流星体是太阳系内颗粒状的碎片，其尺度可以小至沙尘，大至巨砾，但通常比小行星要小得多。它们并不是按照一定的轨道绕太阳旋转，而是在太空中以任意路径运行。

多数流星体是由小行星、彗星、自然卫星等天体在撞击时分裂而产生的。

流星是流星体进入地球大气层撞击摩擦而产生的光亮现象。流星现象通常发生在大气层高层距地面约 50 千米的空间。

大多数落入地球的流星体会在大气层中燃烧殆尽，但部分流星体由于体积巨大、抗熔性好或者以特殊角度进入大气层等原因而在大气层中并没有燃烧完。部分残留的碎片落入地球表面，这就是所谓的陨星，也称作陨石。事实上，流星体不仅仅会落入地球，也会落入其他行星、自然卫星以及小行星，从而形成陨石。

流星（图左）及铁陨石（图右）

1908 年，俄罗斯通古斯河上空发生了一次巨大的爆炸事件，巨大的冲击波将 2.150 万平方千米的森林摧毁，约有 8 000 万颗树木倒塌。对于这场神秘的爆炸事件，有人认为是外星人的飞船坠毁在通古斯河地区，但也有评论认为这是一颗小行星或者彗星。通古斯大爆炸一直是个未解之谜，冰陨石假说解释了为何陨石碎片无法找到。但目前科学家发现的碎片可能来自撞击通古斯地区的天体，科学家计算出撞击通古斯地区的天体平均密度大约为 0.6 克/立方厘米，与哈雷彗星的彗核密度相当，因此该陨石样本很可能来自一颗彗星。

太阳系历史信息的"档案室"

小行星有很多不同类型的表面，有些看起来是黑暗的，有些则看起来很明亮，这是因为它们表面反射的太阳光不同。小行星地表形态的不同与构成小行星的物质有关。例如，黑暗小行星通常由富含碳的物质构成，明亮小行星含有很多能够反射太阳光的

美国"黎明号"探测器进入"灶神星"轨道，对其表面坑洼的洞穴进行观测

金属矿物质，其发光的表面为科学家研究小行星提供了良好的视线。

有些小行星表面甚至存在着"山峰"。1996年，哈勃空间望远镜拍摄到一张"灶神星"照片，照片表明"灶神星"表面有一个巨大的火山口。"黎明号"探测器接近"灶神星"，对其表面进行观测。科学家认为这个火山口是由一个大的物体撞击灶神星而形成的，撞击时产生了大量的热，使得熔岩在流回火山口的过程中在火山口中心形成了一座山峰。

位于美国亚利桑那州北部的"巴林杰陨石坑"

科学家已经从小行星星体上了解到很多关于太阳系历史的信息，对于小行星的了解多数来自于对陨石的研究。陨石是从外太空穿过大气层陨落到地球表面的固体颗粒，很多科学家认为大部分的陨石是从小行星上分裂脱落的碎片。体积较大的陨石将会对地球生命构成极大的威胁。

科学家们对小行星有着极大的兴趣。小行星年代久远，很多在亿万年的时间中没有发生过变化，因此小行星可以"告诉"科学家很多关于太阳系如何形成的信息，例如，通过研究小行星的组成成分，可以了解到在太阳系形成初期的物质类型和成分，对探索生命的起源有重要的帮助。

木星附近的小行星，是亿万年前太阳系形成初期遗留下来的不规则形状的天体，它们的直径尺寸从6米到965千米不等。一些尺寸较大的小行星周围还拥有自己的卫星。

科学家们估计木星轨道附近的小行星数目应该达到数百万。最早发现

"伽利略号"于1993年拍摄的小行星 Ida 和它的卫星 Dactyl

的"谷神星"（Ceres 1）、"智神星"(Pallas 2)、"婚神星"(Juno 3) 和"灶神星"(Vesta 4) 是小行星中最大的四颗，被称为"四大金刚"。

多数小行星由金属或岩石组成，或者由含丰富碳的矿物质组成。类似于太阳系中的行星，小行星也是围绕太阳旋转的。

流星雨和流星风暴

一般认为流星雨的产生是流星体与地球大气层相摩擦的结果。流星群往往是由彗星分裂的碎片产生，成群的流星就形成了流星雨。流星雨看起来像是流星从夜空中的一点迸发并坠落下来，这一点或这一小块天区叫作流星雨的辐射点，通常以流星雨辐射点所在天区的星座给流星雨命名，以区别来自不同方向的流星雨。

一般的流星雨，流星出现的频率为每小时5～60颗，最高能达到每分钟1颗。当每小时出现的流星超过1 000颗时，称为流星暴雨。有些大型的流星风暴，每秒都会有流星出现。流星暴雨对生活在地面上的人不会造成直接危害，不会影响人们的日常生活。但是，因速度极高，流星暴雨对太空中的航天飞行器的安全构成威胁，同时对地球大气高层的电离层也会产生影响。

2012 年天龙座流星雨

171

太阳系尽头的小天体仓库

海王星是太阳系最外围的一颗巨大的行星，其自身产生的引力与太阳引力共同作用，使得太阳系边缘众多的小天体能够绕太阳旋转。海王星轨道外围的这些神秘的小天体就是所谓的柯伊伯带小天体，著名的矮行星冥王星就位于此带中。

柯伊伯带是一种理论推测，认为短周期彗星是来自离太阳 50 ～ 500 天文单位的一个环带，位于太阳系的尽头，其名称源于荷兰裔美籍天文学家柯伊伯。柯伊伯带内边缘毗邻海王星公转轨道，与太阳相距约 45 亿千米，外边缘据估计离太阳有大约 70 亿千米的距离。

科学家认为，在柯伊伯带中存在着数量巨大的天体，包括小行星、行星、彗星等，这些天体被统称为 KBOS。在柯伊伯带的外围还可能存在着一个更大的圈饼状天体区域，被称为黄道离散盘。这个区域可能已经超出了我们所定义的太阳系的范围。

柯伊伯带立体视图

观测哈雷彗星

20 世纪哈雷彗星总共回归两次，人们对哈雷彗星进行了不同的观测。1910年哈雷彗星回归时，天文台和大众对其进行观察，但由于没有预先计划，未能获得良好成果。

1986 年哈雷彗星再次回归时，为进行更有效的观测，以美国喷气推进实验室为中心，由 22 位天文学家组成委员会，成立了"国际哈雷彗星观测组织"，从 1983 年 10 月中旬开始直至 1987 年末，不间断地对哈雷彗星进行观测。

另外，为了观察哈雷彗星，美国国家太空总署、苏联太空局、欧洲空间局以及日本宇宙空间研究所发射了七颗宇宙探测器，获得了大量的哈雷彗星资料。人类最后一次

1910 年墨西哥街道上的人们观察哈雷彗星

拍摄哈雷彗星是在 1994 年，是用智利的 3.58 米新技术望远镜进行观测的。哈雷彗星下次回到太阳附近的时间是 2061 年 7 月 28 日，相信一定会出现一些新式航天器对其进行更加详细的观测。

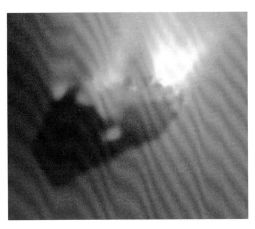

哈雷彗星的彗核

在所有的彗星中，哈雷彗星非常独特，因为它不仅足够大，很活跃，轮廓清楚，而且还有规律性的轨道。大部分彗星都不停地围绕太阳沿着扁长的轨道运行，公转周期一般在 3 年至几百年之间。周期只有几年的彗星多数是小彗星，直接用肉眼很难看到。不沿椭圆形轨道运行的彗星，只能算是太阳系的过客，一旦离去就不见踪影。大多数彗星在天空中都是由西向东运行。但也有例外，哈雷彗星就是从东向西运行的。哈雷彗星的公转轨道是逆向的，与黄道面呈 18 度倾斜。另外，像其他彗星一样，偏心率较大。

哈雷彗星在茫茫宇宙的旅行中，不断地向外抛射着尘埃和气体。从 1986 年回归以来，哈雷彗星总共已损失 1.5 亿吨物质，彗核直径缩小了 4 ~ 5 米。

哈雷彗星每 76 年就会回到太阳系的核心区，每次大约会损失 6 米厚的冰、

尘埃和岩石。哈雷彗星的彗尾就是由这些碎片所组成的，并散布在彗星轨道上。哈雷彗星横跨太阳系的跋涉并不是优哉游哉的闲庭信步，来到太阳附近一次，它便要被剥掉一层皮。据科学家估算，再经过38万年即5000次回归后，这种有去无回的物质损耗将导致哈雷彗星走向消亡。

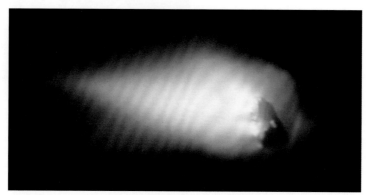

1986 年哈雷彗星回归的照片

传奇故事

哈雷传奇

哈雷从 1337 年到 1698 年的彗星记录中挑选了 24 颗彗星，计算了它们的轨道，发现 1531 年、1607 年和 1682 年出现的三颗彗星轨道看起来如出一辙。但哈雷没有立即下此结论，而是不厌其烦地向前搜索。通过大量的观测、研究和计算后，哈雷大胆地指出，1682 年出现的那颗彗星，将于 1758 年的年底再次回归。在那个时代，还没有任何人意识到彗星能定期地回到太阳附近。

1759 年 3 月 13 日，这颗明亮的彗星拖着长长的尾巴，出现在星空中。自此哈雷在 18 世纪初的预言，经过半个多世纪的时间终于得到了证实。这颗周期回归的彗星被命名为哈雷彗星。

哈雷彗星蛋是指当哈雷彗星靠近地球时，恰好母鸡生蛋，其蛋壳上会布满星辰花纹。1682 年，哈雷彗星对地球进行周期性的"访问"时，在德国的马尔堡有只母鸡生下一颗蛋壳上布满星辰花纹的鸡蛋。1758 年，英国霍伊克附近乡村的一只母鸡生下一颗蛋壳上清晰地描有彗星图案的鸡蛋。1986 年，哈雷彗星又一次回归地球时，人们在意大利博尔戈的一户居民家里，又一次发现了一颗彗星蛋。

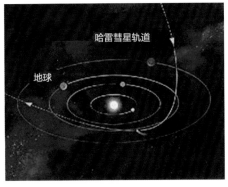

哈雷彗星运行轨道

哈雷彗星蛋

彗星与鸡蛋，一个在太空中遨游，一个在大地上诞生，但很多科学家认为它们之间存在着因果关系，也许与免疫系统的效应和生物的进化相关。

谈到哈雷彗星，就不得不联想到它与知名作家马克·吐温之间的关系。马克·吐温生于 1835 年，当时哈雷彗星刚刚离去。1909，当得知哈雷彗星将在来年再次回归时，马克·吐温就预计哈雷彗星回归时他将死去。死前，马克·吐温留下 5 000 页的自传手稿，同时附言："死后 100 年内不得出版。"100 年过去了，加州大学出版社出版了他的完整权威版自传。1909 年，马克·吐温写下："我在 1835 年与哈雷彗星同来。明年它将复至，我希望与它同去。如果不能与哈雷彗星一同离去，将是我一生中最大的遗憾。"

在 1910 年 4 月 9 日，天文望远镜捕捉到了哈雷彗星。4 月 20 日，哈雷彗星到达近日点，马克·吐温则在 4 月 21 日心脏病发作而逝世。

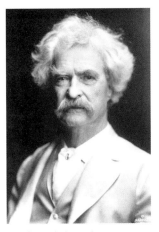

著名作家马克·吐温